台灣好食在

尚好呷ㄟ101味

名家推薦

馬中欣

「台灣美食」世界第一，我旅行世界35年，走遍地球每個角落，嚐遍天下美食。東方的台灣美食非常獨特，美味包含所有中餐特色，鮮甜酸辣，世界第一。老馬推薦：邀請陳頌欣大師推廣美食者有福了，台灣人有福了！

——行者　馬中欣　寫於徒步地球一周旅途　2013.07.18

蔣達毅

那一天，我尾隨頌欣一家人，展開了一趟台北的美食之旅，板橋、南機場市集、西門町、八里、淡水……，早、中、晚餐，頌欣推薦的漢堡、冰品、在地點心、傳統美食……我都有幸親嚐，她帶我去的每一處確實都是台灣好食在，我想我比大家幸福的多很多，因為我也在這故事裡。

——中華背包客旅行發展協會理事長　蔣達毅

最南端的綠豆蒜

籃記東山鴨頭

高屏在地甜點：白糖粿

2

我在淡水
——渡船頭姊妹雙胞胎

陳星合

「吃」，是一件極需要費心規劃的事。自認腦袋裡有一套應用程式，專門用來運算該如何吃，它的工作內容不外乎要告訴我：哪家的品質良好？哪家的價錢公道？什麼是正餐首選？什麼適合點心宵夜？像我就常感嘆出外打拼不容易找到好東西吃（人家我是台南來的），但是現在我不擔心了！謝謝《台灣好食在》，多虧頌欣阿姐的心血讓我知道能去哪裡找吃得到的幸福。

——表演藝術工作者，前太陽馬戲團表演者　陳星合

劉志頡

池上全美行

頌欣，一個超瘋的人。

一開始騎著一台老川崎到處尋訪台灣好吃好玩；結婚之後，更從一個人的尋訪台灣成為跟老公兩個人更加精彩的台灣鄉鎮熱血背包客組合，每次見面總能聽見他們這陣子的新戰績和新收集到的小吃或景點。大家都覺得懷孕或生子後，頌欣夫婦應該就不能再到處亂跑了吧？沒想到她完全沒有受到限制，除了帶著孩子完成走遍台灣368鄉鎮市的壯舉，為了寫《台灣好食在》她強忍孕期不適、挺著大肚子再次跑遍台灣，就為了蒐集各種想推薦給大家的小吃店。看著書、隨著她的腳步尋找美食，也從台灣、從小吃看見不同於其他國家的豐富飲食文化。

——《朽木。真男人》新銳導演　劉志頡

推薦序

只有101味怎麼夠？

　　認識頌欣一家人，是在2012年食尚玩家旅行台灣368的記者會上，對這一家人印象深刻，因為他們不僅環島多達數十次，幾乎踏遍台灣各鄉鎮，更令人驚訝的是，她和先生藏鏡人的「下鄉」行程，竟然還帶著當時還不滿三歲的女兒小阿勇，相對於許多現代父母太過保護兒女、避免帶幼兒出遠門，全台趴趴走的他們真的是勇氣可嘉。

　　而後與頌欣成為「臉友」，經常在電腦螢幕上跟隨頌欣的腳步，神遊台灣各地。他們愛拍照、會拍照，因此常有漂亮照片可看；他們也熱愛小吃，而且經常不遠千里只為一嚐那魂牽夢縈的美味，因此不乏隱藏版美食可做筆記。

　　身為媒體記者，我非常佩服頌欣一家人說走就走的熱情和行動力，他們身體力行、腳踏實地的「愛台灣」，喜愛的地方，常會多次造訪，然而這本書內竟然「只」推薦了101家小吃，可見每一味都是經過頌欣精挑細選的心頭好，看了以後讓我也好想來個環島小吃之旅啊！

　　更不能錯過的是，這本《台灣好食在》中，不僅詳細介紹了101種好味道小吃，頌欣更為讀者道出那創造美味的「職人精神」：誠懇、實在、為客人著想，而這也是我自己在採訪台灣小吃時，經常會得到的感動。

　　台灣小吃這麼棒，101家真的太少了啦！頌欣趕快努力PART 2吧！

黃梅狀元糕

七里香超大水煎包

食尚小玩家執行主編　 林涵青

小小故事推疊而成
大大溫暖的台灣

正好小籠包

超實在的冬山粉圓冰～

回想跟頌欣的認識真的是蠻有趣，記得食尚玩家正推出旅行台灣368的活動，希望每一位住在這的人能夠多認識這塊土地，為此食尚玩家首次推出了八本雜誌完整介紹全台的368個城鄉，並鼓勵大家一起旅行台灣368，那時還要負責網路的我在噗浪及臉書努力的宣傳活動，希望大家來共襄盛舉，在發噗浪時遇到了頌欣，她回應：「才剛跑完379，你們太慢舉辦了」，雖然聽到她的回答，讓我非常失望也開始擔心是否⋯⋯，不過我還是鼓勵他（有點半強迫啦!），期待他能參與食尚玩家「旅行台灣368」的活動。

初期在臉書的活動頁面都沒看到她上傳活動照片，隨著每本每區的出刊，終於在宜花東那本看到戴著黑貓頭套上傳照片的頌欣，沒想到頌欣一家三口又開始另一趟新的旅程，享受著食尚玩家「旅行台灣368」，真的讓我非常興奮，頌欣再一次的台灣環島行，超過1500公里，至少7200張照片完成食尚玩家「旅行台灣368」城鄉壯舉。

在熱血玩家見面會上，受訪的頌欣回憶一路上的心路歷程談到：「一向喜歡旅遊的自己，早在小孩還在襁褓中，就已經帶著她環島兩次，也希望藉由旅行讓孩子學會分享，也讓全家人看到更不一樣的台灣。如環島的時候，走過88風災受創嚴重的台東金峰鄉，發現台灣會受傷，但是他還是會癒合，這就是一塊活生生的土地，我們活在活生生的台灣！這是參加『旅行台灣368』，所看到的小小故事推疊而成大大溫暖的台灣。」最後這句話著實讓我感動，活在台灣40幾個年頭的我，68個城鄉可能都沒去過，更何況是368個城鄉，看到頌欣對台灣的熱情，讓我也很想放下工作投入這⋯⋯大大溫暖的台灣。

很高興看到頌欣用文字及照片記錄了台灣的一切，以她走遍台灣的次數，相信她的書一定能帶給大家對台灣有更多的回憶、更不一樣的想法、當然還有更多的期待，期待什麼呢？當然是期待大家一起來旅行台灣發現更多感動、更多的熱情及更多美麗的故事。

TVBS週刊行銷部副理　張傳鑫

前言

　　我是陳頌欣，平時在網路上分享旅行和美食見聞給閱讀我部落格的網友，也因為參加了食尚玩家舉辦的368城鄉活動成為食尚玩家的特派玩家。

　　這是我的第一部出版品。自小，我就幾乎每年環島，是個極度熱愛台灣的台灣人，目前已經環島50次，其中還包括了4次319鄉鎮和368個鄉鎮市的走訪。台灣對我而言，是個各方面都很迷人的地方，不論是人情、風俗、景緻還是食物，都足以讓人對這個小而富饒的地土戀戀難忘。

　　這本書，是頌欣和家人花了兩年的時間，行腳環島數次，一間一間多次親身採訪和拍攝後完成的；記載的這一百多家小吃和名產，有許多是只有對在地熟悉且深度拜訪後才會曉得的隱藏版美味，這些店家都是我們這樣的寶島通私藏在口袋裡，不太捨得分享的美食名單；而如今，我費盡艱辛的完成了這樣一本揭露口袋名單的寶島美食書，無非就是希望能用台灣的在地美味，吸引更多人走訪這塊土地上還未到過的地方，在品嘗美味的小吃之餘，也能在尋找店家的途中，有更深度的走訪，進而喜歡上台灣某個你不曾了解過的城鄉。

　　最後，我想特別感謝我的先生和女兒，在撰寫本書的同時，我當時兩三歲大的女兒和懷在肚子裡的女兒，春夏秋冬陪伴著我全台灣跑透透。不管是造訪清晨五點多的早餐店、或是拜訪夜半才飄香的店家，我的家人都陪伴著我，一同紀錄下所有想分享給大家的一切。而今，我們終於完成了，希望大家喜歡這本書！

陳頌欣

美味的麻糬棟

2013 in 宜花東

——台灣好書店

目錄 CONTENTS

內湖737豬血糕

基隆炭烤三明治

Part 1、北北基の在地美食

好呷!!

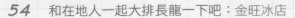

Part 2、桃竹苗の在地美食

三角店客家菜包

喔依西!! ♥

我最愛的麻糬 ♥

Part 3、中彰投の在地美食

好呷!! ▶▶▶▶

超好吃的
大元鹹麻薯 !!

P 阿明羊肉 停車場

美食路線! GO!

Part 4、雲嘉南の在地美食

家鄉好滋味

精力早餐

Part 5、高屏區の在地美食

香甜酥軟

大路關老麵店

碳烤饅頭：
佳吉飲料店

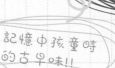

送禮好幫手！
麻糬禮盒 (讚!!!!!)

Part 6、宜花東

記憶中孩童時
的古早味!!

炸蛋蔥油餅!!超級
美味～

稻米的故
鄉!尚好呷
ㄟ池上～

很多人都知道，台北、新北一帶因為有來自各地的人們遷移和久居，集結許多來自台灣各地的小吃，也因為繁榮、消費水平較高，產生很多精緻的餐飲或創意的料理。不過你知道嗎？經過長期間的吸收和發展，他們也有屬於城鄉自身，道地且原生的專屬小吃呢！比如蚵仔麵線、裹上花生粉的豬血糕……這些味道就是專屬於台北人的家鄉味。

而基隆，因為靠近港邊，所以料理幾乎都充滿海味，大家說起基隆，不是基隆廟口，就是海鮮料理，不過其實基隆也有百年餅店和隱藏版創意伴手禮喔！

台北市 內湖區

一身好功夫

737巷豬大郎豬血糕

到台灣旅行的人敢吃豬血糕嗎？每次看見豬血糕都忍不住有這種疑問。因為身為一個豬血糕的狂熱者，真的很好奇為什麼外國人會把它列名為世界上最噁心的食物之一。

不過提到豬血糕，我是直到環島的時候才發現，南部人和北部人的米血料理居然大不相同！早年一直認為，這種沾著花生粉的豬血糕是所有台灣人心目中的古早味，其實不然！這種蒸籠裡拿出一支豬血糕，沾醬、灑香菜、再灑上花生粉的豬血糕，竟然只是台北人的古早味，南部人甚至

看都沒看過這樣的作法，是近年來才逐漸傳到中南部去的，對中南部的人來說，那算是很新鮮的北台灣吃法。

身為一個豬血糕的愛好者，理所當然的，就該為南台灣的朋友或外國來的朋友推薦一下目前所吃過最棒的北部豬血糕！

位於內湖知名美食巷737巷中的這間豬大郎豬血糕，堪稱是全台灣最特別的豬血糕了。從它攤鋪前方極度誇張的排隊人龍就可以知道，這攤豬血糕絕對是這條美食巷的亮點；曾經有段時間，老闆為了避免排隊的人

尚好呷ㄟ底家!!

🏠 台北市內湖區內湖路一段
737巷30號(屈臣氏門口)

🕐 18:00～,星期天和大雨
天公休

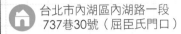

潮擋住別的攤位動線,還特別裝設了像醫院掛號用的LED叫號燈。真的沒看過幾間小吃攤需要用到這樣的號碼牌,更沒看過一支只賣30元的豬血糕會掛上這種叫號燈,可見它是多厲害的豬血糕!

在那段需要叫號才吃得到的時候,吃過三次也排過三次,對我來說,這不是一間只是賣賣噱頭的豬血糕攤,看老闆工作時的神情和動作,那種看起來非常類似功夫的動作可一點都不像是賣豬血糕的,有份職人的氣魄;看他從超大蒸籠裡拿出超長且蒸得晶亮亮的豬血糕,超大力拍上香菜和花生粉,將前一支靜置一旁並做著另一支時還刻意不封住袋口,以免花生粉被悶到影響口感。原本簡單的

步驟,在他做起來卻是大費功夫,從中,就能看出這間小攤子的豬血糕絕對不是平凡的豬血糕。

這裡的豬血糕,價格平實,超級大支,吃起來也真的不凡;豬血糕本身切成不規則的長棒狀,因為厚度非常扎實,吃得出糯米的Q彈,新鮮的豬血也有一種不黏牙的口感,吃得出新鮮。和別間不太一樣的是,它的醬油偏甜、辣醬味道特別、花生粉還有顆粒感,而且老闆總是使盡全力地把花生粉和香菜拍上去,所以每一口都是沾滿了調料,每一口都是滿足,不愧是許多行家眼中台灣最好吃的豬血糕!有機會,可以到這條美食小巷737巷安排一趟吃到飽的美食小旅行,當然,絕對不能錯過這攤超強豬血糕。

台北市
大同區

台北也有好味米糕
大橋頭米糕

台灣各地區的米糕,都有著各自獨特的作法,台北的米糕是「筒仔米糕」,做法和南部用白糯米做底不同,除了上面的料,筒子裡填充的是已經和醬油拌炒過的糯米飯;而在這邊要介紹的這間台北米糕,則絕對可以保證是台北最好吃的米糕店!

大橋頭米糕位處的延三夜市一帶是台北的美食集散地之一,大橋頭米糕是當地絕不可錯過的名店,營業時間是早上六點到下午四點,可以用這樣的米糕來當早餐實在是件幸福的事,台北人比較少吃這種糯米類的食物當早餐,也許和台北人大多是上班族而非勞動工作有關。

話說回來,主角的「大橋頭米糕」是什麼樣子呢?大橋頭米糕共有肥、瘦兩款,肥肉米糕上面的肥肉入口即化,不油不膩;瘦肉米糕則會在上面多加半顆滷蛋。而在搭配的醬料

尚好呷ㄟ底家!!

方面,除了店家提供的特調醬料外,敢吃辣的人,一定要再加上一小匙大橋頭米糕的辣椒醬,拌一拌一起吃,炒過蘿蔔乾的辣椒醬又辣又香,和米糕一起入口感覺真的超過癮。

除了米糕,這裡的豬肝湯也是台北最好喝的,滋味相當簡單,就生的豬肝用滾好的湯頭涮幾下清湯便上了桌,軟嫩還帶點血色的豬肝湯搭配米糕,真是極品。

對了,如果有到大橋頭米糕用餐,記得順道買罐剛剛提及的店家自製辣椒醬或XO醬回家,不管吃什麼,加上一點都能提味,讓家中的料理瞬間都升級成了美食;除此之外,大橋頭米糕也提供冷凍宅配的服務,如果想輕輕鬆鬆在家享受超美味的筒仔米糕,也可以考慮訂購冷凍米糕。

最佳伴手禮

台北市大同區延平北路三段41號

(02) 2594-4685

06：00～16:00

http://www.dqtfood.com/
https://www.facebook.com/dqtfood

台北市
大同區

轉角遇到杏仁冰
永昌杏仁豆腐

這間店應該算是我最愛的一間隱藏版冰店，從高中時代開始，就一直將它列為全台北最棒的剉冰店之一。

它的所在位置超不起眼，招牌冰品應該算是杏仁豆腐，不過其實店內所有的甜品每一樣都很好吃，豆花、綠豆湯、花生湯、剉冰、杏仁茶和杏仁湯……，如果有機會多走幾趟把這些都吃過一輪，相信你也會愛上這間甜湯店。

它的杏仁豆腐和一般的有些不同，是北部少見的古早味作法，軟軟ＱＱ不摻香精，味道香濃、天然而沒有恐怖的化學味。我想，應該有蠻多人因為杏仁那股特殊的味道而不敢

尚好呷ㄟ底家!!

🏠 台北市大同區永昌街9號

🕐 10：30～17：30
（星期天公休）

製作
大公開！

吃杏仁吧？我之前也曾經如此，但就連我這樣一個不敢吃整碗杏仁豆腐的「杏仁初心者」，也可以先從剉冰配上一點切小丁的杏仁豆腐開始吃起。我就是因為這間店才開始喜歡上吃杏仁的。

說起他們的剉冰料，除了杏仁豆腐，絕不可錯過的還有芋圓和米苔目，他們的芋圓和別處的吃起來都不一樣，非常特別，也有賣生的芋圓可以回家自己料理；另外，這裡的豆花也相當富有古早味，想喝點涼的卻不想吃冰，那麼就點點看豆花吧，除了可以品嚐豆花的棉密，永昌的糖水香又不甜膩，不管配上什麼料都是一種美味。

如果愛上這間店的杏仁豆腐或杏仁茶，那麼不用客氣，通通買大包裝的回家享用吧。每年夏天，家裡的冰箱都一定會冰上一些永昌的芋圓或是杏仁豆腐，想吃的時候就可以立刻解解饞，不用大老遠跑一趟迪化街，絕對值得推薦。

台北市
大同區

市場油飯北霸天
百年老店林合發油飯店

說到油飯，不論是彌月送禮還是單純懷念它的美妙滋味，「林合發」這個響噹噹的名字都絕對在北台灣的老饕們心中佔了一席之地。它對於台北人來說，除了美味這個絕對的關鍵詞外，開業至今一百一十多年的歷史（1894年創店），更是陪伴許多人長大的古早味；而今，林合發雖然還是隱身於發跡的迪化街永樂市場一樓小攤中，卻已經是許多政商名流或知名人士送彌月禮的不二選擇。

一般油飯有分長糯米和圓糯米兩種，偏偏林合發油飯既沒有用長糯米也不是用圓糯米，而是使用比較不沾胃的「特級長型蓬萊米」做為油飯的基底，因此林合發油飯吃多也不傷胃、不脹氣，很適合胃不好的人吃。

到林合發油飯也是很特別的體驗，是直接說「幾斤」，然後老闆娘就會從大臉盆裡挖出相應重量的

尚好呷ㄟ底家!!

油飯,鋪上拌炒到香噴噴的香菇、蝦米、肉絲,讓人忍不住邊看邊流口水。不過如果你想吃到這一味,可是要早點起床的,七點多就已經開店的林合發通常在十點左右雞腿油飯就已經銷售一空,三坪不到的小店面,平均一天都可賣出五百斤的油飯!

除了油飯,在這裡也可以找到各式年糕、紅豆年糕、蘿蔔糕、紅龜粿、草仔粿、芋頭粿、肉粽、油飯、雞腿、滷蛋、紅蛋等,各種點心也都賣得很快,所以如果來得晚了,就只能看著幾乎空蕩蕩的檯子、盯著員工們正趕製的彌月油飯興嘆了!

所以別說我沒提醒你,想吃林合發,請拿出「早起的鳥兒有蟲吃」的精神吧。

最佳伴手禮

台北市大同區迪化街一段21號
（永樂市場1041號攤位）

上午：(02) 2559-2888
下午：(02) 2559-7618

07：30～12：30

原來中式點心也可以新奇有趣

三發包子點心饅頭

提到永樂市場這個巷弄間都藏著美食的美食迷宮，三發包子點心饅頭絕對不會被遺忘，因為還真沒有看過哪間做中式點心的店家或攤子可以有這麼多不一樣的包子、饅頭可以陳列檯上。每次我跟著人龍一起排隊，都會忍不住邊掂量自己的荷包，邊想著自己等一下該選什麼好？這個

看起來不錯、那個看起來也好可口，每個都向自己招手，深怕一買就買到不能自己……。真的不是開玩笑的，三發包子每個中式點心都長得很有魅力，跟我們刻板印象中包子饅頭的「那個樣子」差很多。

三發包子點心饅頭從早上七點半這種早餐時間開到下午六點半，分

尚好呷ㄟ底家!!

🏠 台北市大同區迪化街一段21號
（永樂市場1138號攤位）

📞 (02) 2559-6322

🕐 07：30～18：30

最佳伴手禮

成幾個不同的時段供應不同的包子饅頭，所以不管什麼時間來，都會遇到不同的驚喜。而更厲害的是，就算它賣著這麼多種不同的包子饅頭，卻是每一種都很美味好吃。

在採訪的當天，恰巧是土地公生日，三發包子正趕製著各地廟宇訂製給土地公慶生的壽桃，看著看著，我竟也不禁嚥起口水。像三發包子饅頭這樣的店，除了固定幾種經典款的饅頭和包子外，每逢過年過節，也都會提供各式各樣不同的傳統米食；

此外，他們也從來沒有停下過研發新品的腳步，因此，三發的老客人們常常能享受到新產品所帶來的樂趣，「買新奇的傳統點心」──光是這一點聽起來就很特別吧，這裡絕對值得你一再造訪。所以，下次如果你來到永樂市場一帶漫遊，不妨到三發包子點心饅頭看看，試試手氣，看自己在這個時間點會買到什麼樣特別的中式點心。這必定會是一趟很有趣的小探險唷。

名人最愛的簡單滋味
紅葉蛋糕

台北市
大安區

紅葉蛋糕是全台灣第一間鮮奶油蛋糕店,從1996年開業至今已經經歷了四十多個年頭,雖然整間店沒什麼特別的裝潢,但不知是因為地段好,還是真的美味到連名人都無法抵擋,整間素白店面最吸睛的就是牆上政商名流的簽名。而紅葉蛋糕的明星粉絲中,最為人津津樂道的應該就屬木柵動物園以前的動物明星——大象林旺,當年看新聞,每年林旺慶生時都是用紅葉蛋糕為牠慶賀,雖然不曉得林旺是不是真的吃了蛋糕,但卻使我在孩堤時期就認定「紅葉蛋糕」是鮮奶油蛋糕界的名牌。

紅葉蛋糕包裝和外觀都超級平實,沒有什麼可愛或創意的造型,在現今蛋糕一個比一個漂亮、口味一個比一個特別的時代,貌不驚人的紅葉蛋糕依然保有不敗的地位,這絕不只是因為它是老字號,或有著鮮奶油蛋

尚好呷ㄟ底家!!

糕創始老店的招牌;紅葉蛋糕最難超越的,正是它的「鮮奶油」,紅葉蛋糕的鮮奶油是用鮮奶下去製作的,不甜不膩非常好吃,時至今日,老店還是一直能以這無法被取代的鮮奶油滋味吸引新的顧客迷上紅葉蛋糕。

這絕頂的鮮奶油美味真的讓人一吃難忘,紅葉的熱銷蛋糕除了生日蛋糕、黑森林蛋糕外,主打鮮奶油的波士頓派更是非吃不可。

紅葉的服務非常到家,可以打電話或透過網路訂購宅配到家,不過雖然如此,我還是非常喜歡去仁愛路本店買,透過大大的玻璃窗,看著裡中師傅們熟練的將蛋糕體抹上奶油,裝飾得漂漂亮亮的,也是一種樂趣;況且店裡的小冰櫃裡還有一些新產品或沒有列在網路目錄上的蛋糕,買來嘗鮮也很不錯哩。

最佳伴手禮

本店

🏠 北市大安區仁愛路3段26號之5

📞 (02) 2701-1234
(02) 2701-1332

🕐 08:00～21:00

🌐 http://www.hongyeh-cake.com.tw/tier/

天母店

🏠 台北市士林區忠義街130號

📞 (02) 2833-9667
(02) 2833-9670

🕐 09:00～21:00

📄 (02) 2833-9670

三重店

🏠 新北市三重區正義北路315號1樓

📞 (02) 2985-3399
(02) 2985-6699

🕐 09:00～21:00

📄 (02) 2985-6699

職人精神
南機場肉圓

每個人的口味都不盡相同，但南機場夜市這攤彰化肉圓，卻是我們幾個朋友間心目中共同的「台灣肉圓第一名」；不過這樣評斷好像有點粗糙，畢竟台灣的肉圓實在很多種，好吧，那更精確點的說：南機場的彰化肉圓是我們心目中「最喜歡的油炸肉圓」。身為小吃狂熱者，雖然我絕對不可能會錯過肉圓這樣的美味，但我真的萬萬沒有想到，吃來吃去，自己最愛的竟然會是位在台北市的「彰化肉圓」。

如果你也覺得意外，那就請跟著人龍排一次南機場肉圓吧。吸引這長長排隊人潮的原因，除了肉圓本身的美味外，更重要的，是老闆眼

尚好呷ㄟ底家!!

專注的
好味道!

※營業時間13：30起

不論內用、外帶者，請至313巷20號旁排隊，謝謝！

欲購買肉圓者，

台北市中正區中華路二段307巷～315巷，南機場夜市末端

13：30～16：00（不定休）

神中閃爍的那道只有職人才有的火光——一點都不誇張！有好幾次，不耐久候的客人看著油鍋中剛炸沒多久的肉圓，盯著網子上正在瀝油的肉圓，便忍不住心急地催促老闆道：「肉圓好了沒？」這時，總可以看見老闆完全不迎合的回答：「就是要炸那麼久才夠！」、「油就是要瀝到這樣才夠乾，才會好吃。」……從老闆專注地看著油鍋的眼神，就可以嗅出這攤肉圓的名店味兒，所以，即便營業的時間是在一般小吃店的冷門時段，不論晴天、雨天，只要這家小攤子一推出，就必定是大排長龍，氣勢驚人。

這攤的肉圓除了個頭不算小，內餡和一般肉圓又有什麼不同呢？它的肉質鮮甜沒腥味，還是有咬勁的豬肉塊，除此之外，大量新鮮的筍絲絕對是這肉圓好吃的關鍵；再加上老闆職人般的要求油炸時間、瀝油步驟的精準，所以肉圓皮Q彈的沒話說，也不會像一般油炸食物那般的油膩，是可以一連吃上兩三顆的美味炸肉圓，甚至放冷了還是非常好吃喔！如果你也非常愛吃肉圓，那就絕對不可以錯過這攤南機場肉圓。

名氣愈大愈謙和
阿男麻油雞

南機場夜市臥虎藏龍，這裡的好名聲，漸漸連愈來愈多的外地客都知道了，於是現在假日或平日的晚間，來到南機場夜市的某些名店都免不了要大排長龍一番。

不過在這麼多的名店中，若問我最喜歡南機場夜市的哪間店？我的答案應該是下午的「南機場肉圓」和晚上的「阿男麻油雞」，它們那超越群雄的美味，絕對是可以掛保證的，但

除此之外，阿男麻油雞之所以會成為我的最愛還有非常重要的一點：我非常喜歡阿男麻油雞老闆作生意的「態度」──不管攤子前排的人龍有多長、煮麻油雞有多熱多辛苦，阿男麻油雞的老闆總是一遍又一遍不厭其煩邊鞠躬著說：「老闆，謝謝！」、「老闆娘，謝謝！」不管買多或是買少，阿男麻油雞的老闆總是這麼敬重地待客，這是我最欣賞他的地方。

尚好呷ㄟ底家!!

敬客的態度，絕頂的美味，讓阿男麻油雞在冬天的時候大約也要排個半小時才能吃得到。這裡賣的品項很單純，麻油雞分成腿和雞塊兩種，麵線分成湯的和乾的兩種；雞腿是最熱賣的，因為阿男麻油雞不知道為什麼總能進得到那種粗大的雞腿，每隻雞腿尺寸都很驚人，吃起來份量十足、肉質極佳；雞塊也很棒！每塊肉塊都不柴不老，給料很大方，吃起來很過癮。另外，不管內用或外帶都可以加湯，阿男麻油雞的湯頭雖然看起來很濃，喝起來卻很順口不會過於油膩，每次外帶多打包的湯，回到家，都還能再煮一鍋麻油雞火鍋讓全家人一起享用，算是經濟實惠的另類麻油雞吃法吧？總之，阿男麻油雞除了是我在南機場夜市裡最喜歡的店外，也是在全台北中最喜歡的麻油雞，大家不妨也去阿男麻油雞感受一下老闆和老闆娘那股不輸給麻油雞的溫暖人情味吧。

🏠 台北市中正區中華路二段311巷320號附近（南機場夜市內）

📞 0955-572506

🕐 17：30～到賣完（不定休）

台北市
中正區

頂尖燒餅的好所在
阜杭豆漿

隨便找個台北人問上一句：「全台北最有名的早餐店是哪一家？」我想大多數的人都會回答：「阜杭豆漿。」先不管是不是每個人都能認同它的燒餅是「神樣滋味」，但它的知名度和火紅的程度應該是沒有人能夠否認。

到底是怎樣的一間早餐店，可以做到「開不開發票」都能上得新聞版面？到底是怎樣的一間早餐店，可以每天五點就大排長龍，從二樓一直排到一樓？

——阜杭豆漿絕對有它不凡的地方！或許，感受它絡繹不絕的人潮，跟著隊伍排隊買早餐，說不定那也是一種可以被安排到旅行中的有趣體驗；尤其啊，在這間早餐店裡頭，確實也真的是有許多好吃到所向披靡的

尚好呷ㄟ底家!!

🏠 台北市中正區忠孝東路一段108號2樓之28(華山市場2樓)

📞 (02) 2392-2175

🕐 05：30～11：30

美食。下次，當我們跟著人龍排隊買燒餅時，不妨張望一下透明玻璃後的工作區域，看看裡面好幾個燒餅專用的傳統爐，欣賞一下工作人員製作燒餅時的細節，這或許也是幫美食大大加分的調味料喔。

阜杭的燒餅分為厚餅和薄餅兩種，沒吃過的人，也許會覺得厚餅和薄餅只差在餅的厚薄度而已……錯！厚餅和薄餅完全有著不一樣的口感，厚餅吃起來，中間有麵糰的香氣，外皮脆脆的部分還抹上了一層薄薄的糖，多了這層微甜的口感，讓燒餅更增添了些精緻感；薄餅則是吃起來很有層次，像千層派一樣，吃起來比較香酥。這兩種餅不管是夾蛋或是夾油條都很美味，如果再加一點醬油或辣椒那就更棒了。

除了必吃的燒餅，阜杭的鹹漿和甜漿都非常好喝，因為煮得濃厚，熱熱的甜漿上桌時表面還會浮著一層薄膜；至於某些人會稍稍感到怯步的鹹漿，在這兒的賣相卻非常好，讓人會忍不住想嘗鮮看看，當然，滋味自然也是一級棒！另外，阜杭的蛋餅和甜燒餅也是一絕，這裡的蛋餅煎得很軟嫩，甜燒餅則是一咬下去就有白糖融解成糖漿狀態的內餡隨著甜香溢出，都是簡單卻不簡單的好滋味。看到這裡，你是否已經心動，想體驗一下超高人氣的阜杭豆漿了呢？

喝咖啡吃西點，享受老台灣人文風華
明星咖啡

有著俄國血統的明星咖啡館，「明星」這名稱是從其俄文店名「Astoria」而來，「Astoria」是俄語「宇宙」之意，明星正是星海中最美麗的那顆星。

明星咖啡館最早是由出身白俄羅斯貴族的沙皇侍衛隊指揮官Elsne，在流亡上海期間所創立，最初的「明星咖啡館」開設於上海霞飛路7號。之後，Elsne跟隨國民政府來到台灣，在1949年時的台北武昌街復業，半年後，一樓開設「明星西點麵包廠」、2樓開設「明星咖啡館」，後由簡錦錐先生接手繼續經營。

這間咖啡廳、麵包店，對台灣來說有著許多重要的意義和不可取代的地位，比如全台第一個鮮奶油蛋糕正是由明星咖啡所製作的；而早期的文人雅士以及政商名流，像是白俄籍的總統夫人 蔣方良女士、三毛、白先勇、林懷民、陳若曦等文人，均曾是明星咖啡廳的常客，使得明星咖啡廳當年因為他們的經常造訪而星光閃閃。

尚好呷ㄟ底家!!

最熱銷的軟糖！

二樓的明星咖啡廳雖然也曾因故歇業15年，不過從2004年復業後，一切似乎如舊，當年的場景被一一重建，讓老客人重新尋回當年失落的記憶片段；而一樓的西點麵包店則始終如一，不曾停歇，經營至今已然超過一甲子的歲月，裡頭賣的各式麵包、蛋糕和西點也都還保存著濃濃的復古味，和現在坊間流行的西點麵包比起來，不管是外表還是味道，均有不一樣的風味。

店裡最熱銷的，是一款「俄羅斯軟糖」，這可是全台獨步的甜點，雖然它的味道特殊，可能不是所有人都會喜歡或能接受的口味，但這俄羅斯軟糖絕對是來到明星西點千萬不能錯過的。

明星咖啡廳的老闆現在雖然年事已高，80幾歲的年紀卻仍保養得非常年輕，完全看不出是位耄耋老者；據說，他每天都會到店裡喝杯咖啡，下次當你在二樓充滿氣氛的咖啡廳裡遇上照片中這位帥氣的老先生時，不妨上前去打聲招呼吧，或許還可以順道請教一下不在臉上留下歲月痕跡的祕方唷！

最佳伴手禮

🏠 台北市中正區武昌街一段5號2樓

📞 (02) 2381-5589
(02) 2381-5565

🕐 10：00～21：30

台北市
中正區

偏僻小攤賣出大名氣

黃記皇家現烤香腸

這是一間老台北的饕客才會知道的香腸店，因為它這20多年來都位在一處完全不熱鬧也鮮少人經過的堤防邊老住宅區。它很奇怪，藏身在一個三坪不到的鐵皮屋內，就這麼擺了一個烤香腸攤，連店面都算不上；賣的東西也只有一種，就是「現烤香腸」，連口味都沒有分，只有原味。但專程為了這味而來的人潮可還真不少，誇張的是，光這樣一個烤香腸攤就請了五名員工來烤香腸，這真的是間極具傳奇色彩的香腸攤！

在這裡，常常可以看見很多名車、貨車，名流、庶民，大家都專程為了這間的香腸驅車前來，停車就為了買這一味香腸；即便是平日的下

尚好呷ㄟ底家!!

現烤現吃
好滋味!

🏠 台北市中正區泉州街32號附近

📞 (02) 2309-7428

🕐 13：00～19：30

　午、一般人要上班的時間裡，上門買香腸的客人卻仍是絡繹不絕，更遑論假日時它大排長龍的景象了。

　怎麼樣，你是否已經開始想像起這攤香腸的絕對美味了呢？一支25元的烤香腸，在物價飛漲的台北市中，是很便宜的價位；而它的美味更是物超所值，用豬後腿肉製作的香腸，肥瘦比例和調味都剛剛好，連平時不敢吃肥肉的人都必定會愛上它。

　最重要的是，這攤的師傅們烤功都很棒，使用木碳烘烤的香腸，恰到好處的火侯逼出了香腸的香氣，吃起來鮮甜沒有豬肉腥味，也難怪每個人幾乎都是十支、二十支的買。除了當點心、下酒菜、或配麵線吃外，如果你是下班沒空準備菜色的上班族，不妨買一點回家當便菜，應該可以為你的餐桌增色不少喔！

藏在巷弄中的美食
泉州街蚵仔麵線

說起台北的美食,很妙的,香腸和麵線好像總是會一起出現,而麵線也常常會有藏身於巷弄中的名店。像這間泉州街麵線,剛好就位在「黃記皇家現烤香腸」旁邊,它隱密的藏於民宅內,一不小心就會錯過;這間麵線店也沒有名字,可以說是「巷子內」的美食。

料多味美的麵線,一碗40元,價格實在;而且和大多數台北麵線會大量勾芡的作法不同,這間麵線只勾少量的芡,全是靠麵線的真材實料煮出濃稠的質感,而且麵線依舊吃得出口感而不會過於軟爛。當然,麵線最重要的「料」,有蚵仔和大腸,大腸清洗得非常乾淨、吃得出新鮮口感;包

尚好呷ㄟ底家!!

裏著太白粉的蚵仔也鮮美大顆。如果敢吃辣的人請嘗試加一點辣椒提味，他們自製的辣椒又香又辣，加一點點就可以讓麵線增色不少。

　　要說到這間店最大的特色，除了是在民宅內吃麵線外，也不得不提到他們所使用的古早味老瓷碗，麵線、瓷碗，再加上隔壁的黃家香腸，整組的搭配可說是最完美、最速配的「台北老饕餐」。少少的錢，卻能擁有這樣兼具氣氛和美味的一餐，真可說是一大享受！雖然這附近並沒有什麼熱鬧街市可以逛，但專程來吃一趟「隱藏版美食套餐」，也算是賞足了老台北人風情。

民宅中的
隱藏美食

 台北市中正區泉州街
32號之2

🕐 13：00～19：30

最牛的牛肉麵店
牛店

台北市
萬華區

「假如今天外國友人來台，指定要吃牛肉麵，你會帶他去吃哪一間呢？」不作他想，當然就是「牛店」了。

大多數台灣人的心目中，一定都各自有著一間「最好吃」的牛肉麵店，但這些心目中的牛肉麵店，想必場景都是在比較髒、比較舊一點的攤子或小店；牛店可不一樣，和牛店初見面，看它獨樹一格的店面，地點還位在熱鬧的西門町，當下還真想打消吃牛店的念頭，深怕會踩到恐有其名的地雷店家；還好，在百般掙扎下，那時我還是踏進了裝潢別緻的牛店，否則現在我就不會知道原來牛肉麵也有如此精緻的等級。

牛店的主廚原是任職於五星級餐廳，所以不管是用餐氣氛、食材、擺盤、小菜、甚至沾醬都非常講究。欣賞牛店的師傅煮麵也是一種享受，開放式的廚房可以讓每個等待的客人看見師傅煮麵的過程，看師傅甩乾麵的

尚好呷ㄟ底家!!

🏠 台北市萬華區昆明街91號

📞 (02) 2389-5577

🕐 11：30～22：00（星期一公休）

力道就可以知道麵非常有咬勁；麵有粗細兩種，粗麵可以吃到彈Q的麵香，愈嚼愈有味；細麵也不差，可媲美日本拉麵，相當有勁道。絕不軟爛、彈性十足的麵條，是牛店的一大特色，而之所以能煮出這麼好吃的麵條，也是由於主廚嚴格把關煮麵流程的關係。順道一提，總是大排長龍的牛店，可是只有平日才供應粗麵唷，如果是想品嚐粗麵的朋友，可得挑對了日子去。

至於牛肉麵的主角：牛肉和牛筋，牛店處理起來當然也不馬虎，牛筋不會過軟或過硬咬不動，吃起來與Q彈的麵條相應趣，自有一番滋味；

牛肉鮮美不乾柴，大塊的牛肉一口咬下就是大大的滿足。另外，牛店不可錯過的還有麻辣乾拌麵和桌上的特製辣油，店內一共有三款辣沾醬，都是主廚精心製作的，所以一定要點幾盤小菜來試試這些沾醬，真的非常棒！最推薦的配菜是花干，吸附沾醬後的花干變得非常香，配麵超適合，是店內最有人氣的小菜。寫到這裡，我已經忍不住想再去光臨牛店了！如果你也跟我一樣想去品嚐牛店的好滋味，請記得要早點出發去排隊，因為牛店只要有營業，幾乎都是大排長龍的喔！

台北市
萬華區

呷甜甜，聽故事
阿猜嬤甜湯

台北的艋舺是個有著很多老故事的城市角落，華西街更是一個謎樣的夜市，雖然這裡有許多人眼中「檯面下」的事每天每天上演著，但如果想要聽最有韻味的故事，卻也一定要走一趟華西街尾，來阿猜嬤甜湯喝碗暖呼呼的甜湯，聽聽阿猜嬤的兒子講講艋舺的古今。阿猜嬤甜湯從民國45年開賣至今也已經超過50年，即將邁向一甲子的歲月，阿猜嬤從阿猜姐賣到變成阿猜姨，一直到現在成了阿猜嬤，這攤甜湯可說是許多老艋舺人共有的回憶。

坐在這兒喝碗甜湯，絕對是到萬華不能錯過的幸福時刻，攤上賣的桂圓米糕粥、蓮子湯、花生湯、紅豆湯……每道都有精彩的滋味，口感溫潤滑順，一樣樣都煮到細軟綿密，雖然是老市場裡的傳統口味，吃起來卻有股精緻的感覺。這裡

尚好呷ㄟ底家!!

的甜湯攤還有賣古早味的油條和泡餅，點碗花生湯配著油條或泡餅，就算小時候沒這段回憶，嘴裡也能咀嚼出一股懷舊氣息。

攤上除了甜湯，也有賣手工製作的湯圓，雖然超好吃的鮮肉鹹湯圓已經因為成本過高、製作煩瑣而停售，多少有些令人惋惜，但大家還是可以吃到包餡的甜湯圓或紅白小湯圓。每當有客人問起鮮肉湯圓的事時，都可以聽到老闆嘆口氣，然後說：現在生意日漸難做，也許未來就會一種口味一種口味的慢慢收起來不做也說不定。每次聽到老闆這麼說，心裡總會有點緊張，所以趁著現在老闆還撐著這間甜湯老店時，快來品嚐一下這可能逐漸消失的美味吧，免得真的再吃不到時感到後悔莫及呢！

手工滋味的古早味

🏠 台北市萬華區華西街5號（華西街夜市尾端）

📞 (02) 2361-8697

🕒 15：00～00：00

39

台北市
萬華區

迷你古早味
好味珍珠小餛飩

大部分的餛飩名店，都會標榜自己的皮多薄、餡多飽、餛飩多大顆，不過這間標榜「迷你」，特色是只有珍珠般大小的小餛飩，卻在50年間不斷擄獲各路老饕的心和胃，很神奇吧？

每次前往這間位在萬華地區的老店時，都會先不小心錯過它窄小的店面，店面很迷你、餛飩也很迷你，「迷你」似乎就是這間店最大的特色。

這間店雖小，可是攤前總是無時無刻等著一整排的碗，一個一個排得好好的，等熱湯倒入，蒸騰的水汽氣勢驚人，也足見這間店的生意非常好。這裡的珍珠餛飩雖然尺寸小，但

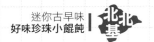

尚好呷ㄟ底家!!

🏠 台北市萬華區康定路302號

📞 (02) 2308-3694

🕐 09：00～18：00

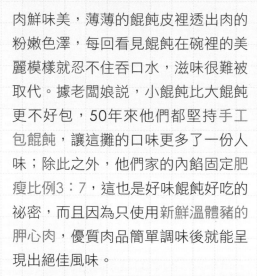

肉鮮味美，薄薄的餛飩皮裡透出肉的粉嫩色澤，每回看見餛飩在碗裡的美麗模樣就忍不住吞口水，滋味很難被取代。據老闆娘說，小餛飩比大餛飩更不好包，50年來他們都堅持手工包餛飩，讓這攤的口味更多了一份人味；除此之外，他們家的內餡固定肥瘦比例3：7，這也是好味餛飩好吃的祕密，而且因為只使用新鮮溫體豬的胛心肉，優質肉品簡單調味後就能呈現出絕佳風味。

除了餛飩，好味的蝦丸和乾麵也非常好吃，熟客點餐都會說「一套」，這一套就是一碗綜合湯和一碗乾麵。除此之外，店內賣的小菜也都很有口碑，這些品項是從最初眾多的小菜中，經過時間的篩選後所留下來的精華菜色，也都是經過老闆評估後所供應的最拿手、品質最好的小菜。店老、賣得久，烹飪技術更是熟能生巧、好上加好，大家不妨來鑑定看看這間老店是不是真的這麼棒？相信你絕不會失望！

人情味小吃

施福建好吃雞肉

如果每個人都有間從小吃到大、寄放著人情味的老店,施福建好吃雞肉對我來說就是一間這樣存著特殊情感的店;雖然我沒有從小吃施福建雞肉飯吃到大,但也從學生時期吃到現在結了婚、生了孩子,老闆們每次只要一看見我,就會親切的喊我一聲:「妹妹!妳來了!」然後和我寒暄幾句。因此,我常常覺得去施福建好吃雞肉飯,就像是去親戚家一樣的感覺。這間店的存在對我來說相當

重要,只要心情特別好或心情特別差的時候,第一個想去買的,就是施福建雞肉飯,它是一間可以暖胃兼暖心的好店。

除了人情味濃這點特色外,施福建雞肉飯其實就是「好吃雞肉飯」的始祖店家,雖然它並沒有連鎖店,但不管在哪,總能看見「好吃雞肉」的山寨店,從中可見他的吸引力是多麼的無遠弗屆。

施福建好吃雞肉飯的位置位在環

尚好呷ㄟ底家!!

河南路一帶,周邊都是賣五金和生財器具的地方,並不是什麼熱鬧的場所,但只要它有營業,不管什麼時段去,都能看見店門前停滿車輛,非常多的人都是專程來吃這簡單樸實的老滋味。「美味」,對它來說不是稱讚,只是事實的描述而已。

另外,施福建好吃雞肉飯那超便宜的價格也是一大賣點,捏著50元銅板,對著員工們說:「要一套。」就會有一盤白切雞肉、一碗淋著醬油的雞油飯和一碗中藥味的藥膳清湯上

桌,附湯可以免費續,而雞油飯加點也只要10元;來得早些,甚至還可以用10元吃到一碗超美味下水湯,下水湯雖然便宜,卻有滿滿的料,在物價昂貴的台北市區裡,施福建好吃雞肉飯對於很多勞工朋友和運將朋友們來說,都是很重要的存在吧!也無怪乎常常能夠看到他們來這邊捧場。

捏著一枚銅板就能吃到飽,這真的是件很幸福的事,一定要找個機會來嚐嚐。

🏠 台北市萬華區環河南路一段25巷2號

📞 (02) 2388-3817

🕐 11:00～18:00(星期天公休)

金山一遊的最佳伴手禮

新北市
金山區

阿玉蔴糬

到金山走走,除了金包里老街上賣鵝肉、地瓜的店家外,現在也多了很多間賣蜜蔴花或蔴糬的店。什麼時候到金山必買的伴手禮變成了蔴糬呢?原來,到金山要買蔴糬做伴手禮,是從「阿玉蔴糬」開始的。

阿玉蔴糬是金山第一間一年到頭都只賣蔴糬的專賣攤位,阿玉從小就跟著媽媽賣蔴糬貼補家用,十幾年前,阿玉突然想:蔴糬應該也很適合當一般點心吧?於是決定專心做起賣蔴糬的生意。因為一開始沒有資金,就只在金山一個角落租個攤位現做現賣蔴糬;一開始攤位總是會被突然收回去,阿玉蔴糬就得搬家,經營實在不容易;還好後來因為阿玉蔴糬好吃,口碑逐漸經營起來,加上網路購物平台上的熱銷,生意有了起色,除了擁有固定販售點外,還從一開始的兩種口味,迅速增加到十來種口味。

尚好呷ㄟ底家!!

最佳
伴手禮

本店

🏠 新北市金山區金包里街65號

📞 (02) 2408-1889

📄 (02) 2498-7588

中山店

🏠 新北市金山區中山路110號

📞 (02) 2498-1189

　　如果你認為蔴糬是種很老派的點心，那你可以到阿玉蔴糬來瞧瞧，應該會讓你有所改觀；這裡的蔴糬不管甜的、鹹的都很好吃，而且不像印象中的蔴糬會黏牙。阿玉蔴糬完全不黏牙，又設計成方便入口的大小，讓不少人改變了對蔴糬這種點心的刻版印象。

　　十幾種口味該選哪種好呢？阿玉蔴糬請人試吃的方式非常大方，也不怕你吃，不過如果每一種吃起來都好吃，一忍不住就會買太多，所以還是讓我來推薦一下吧。由於個人喜歡鹹的口味，所以鍾情於魚鬆和肉鬆口味的蔴糬，不過據店員們說，粗顆粒花生口味蔴糬是季節限定商品，如果有機會遇上，不妨多帶一包回家喔。

新北市
八里區

八里左岸賞美景吃美食
渡船頭姐妹雙胞胎

炸雙胞胎、甜甜圈、芋餅，這些傳統小點心一直都沒有被台灣人遺忘，尤其在觀光熱門景點八里左岸的這間姐妹雙胞胎，更是以此熱賣了30幾年，很多人專程為它從淡水搭渡船買回家解饞，每到假日更可以看見這間店前排起很誇張的隊伍，實在很難想像賣雙胞胎、甜甜圈竟可以賣成這樣。

順道一提，一開始這間店是由三姐妹所共同經營，大家一起賣雙胞胎，沒想到後來店裡還真的生出了一對雙胞胎姐妹，使得這間店更多了個有趣的故事。

這裡如今已經是間名店，客人總是絡繹不絕，所以他們特別把所有的產品設計成套餐的型式販售，如果不知道該怎麼買比較好，只要抬一下頭，便能參考頭上那斗大Menu裡的1號到5號餐；當然，不想買套餐也行，把你所有喜歡的口味一網打盡吧。

尚好呷ㄟ底家!!

雖然很多人都說這種炸物只要熱熱吃就很好吃，但真的只是如此嗎？姐妹雙胞胎的甜甜圈，熱熱吃更會散發出一股牛奶香味，皮脆內軟，一吃難忘，每次去八里都會忍不住多買幾個姐妹雙胞胎的甜甜圈回家享用；除了甜甜圈，主打商品當然就是他們的炸雙胞胎，他們家的雙胞胎皮特別脆，上面除了有硬硬的糖結晶外，還灑上些白芝麻增添香氣，也是人氣推薦之一；另一個必買的，應該就屬芋餅了吧？姐妹雙胞胎的芋餅真的很好

吃，中間的芋泥餡不過甜，吃得出濃厚的芋頭香氣。

不過因為這間店的生意真的太好了，所以幾乎都是炸好等著賣，假如是要帶走吃的，經過一趟路程難免會冷掉，少了那熱呼呼的滋味，不免要打些折扣；所以，如果可以的話，買回家後記得要再加熱一下，肯定便能吃出它最原始的美味。

🏠 新北市八里區渡船頭街25號

📞 (02) 2619-3532

🕐 平日　09：00〜19：00
　　假日　07：00〜19：00

最佳伴手禮

新北市
瑞芳區

山城飄香

護理長的店—蜂蜜滷味

九份現在已是台灣一等一的觀光勝地。以前九份人潮雖也沒少過，但還有平日的時候勉強可以悠閒享受一下遊客不太多的九份風光，但到了現在，連平日都滿是人潮。近年來，九份除了國內外遊客變多外，小吃的種類也變多了，除了以前常見的紅糟肉圓、草仔粿、芋粿、芋圓外，現在還要再介紹你一間新竄紅、但真的好吃到不買可惜的攤位——護理長的店。

其實早在好幾年前，當時每次去九份，就一定會買一些「阿蘭草仔粿」和「護理長的店的芋粿巧」，那時就已經留下了「護理長的店」用料實在的印象；沒想到，後來它搬到更高的店面後，賣起了現在當紅的蜂蜜滷味，名聲就這麼不脛而走，瞬間暴紅。

「護理長的店」店名絕非吹牛，

尚好呷ㄟ底家!!

 新北市瑞芳區基山街82號

 (02) 2497-2486
(02) 2496-8131
0920-590516

 08：00～24：00

 (02) 2496-8131

 nurseleader@yahoo.
com.tw

最佳伴手禮

店主人之前是國泰醫院的護理長，由於有這樣子的背景，所以更深知「健康」的重要；也因此，哪怕現在已經回到家鄉賣起小吃、開發起美食，卻還是秉持著自己的專業以及對健康的要求，絕不添加防腐劑、色素、豬油這些對健康有損的成份，堅持品質與精選素材，使得客人對它可以百分之一百的放心。

不過它的好，當然絕不只是「健康」而已，看它店前長長的人龍，你就可以知道它有多好吃了。第一次吃到，真的就只有「大大的驚豔」可以形容，誰說健康的食物就不好吃？！護理長的店完全打破了這個刻板印象，它的蜂蜜滷味真的非常入味，也非常好吃，每一種只要30元的價格更是非常公道；不過話說回來，每次看到琳瑯滿目的誘人滷味，那散發出的光澤實在會讓人忍不住一拿就是好多種，但即便買了一大包，還是很多人會吃不夠又再折回頭來排隊購買，所以常能聽見老闆娘問：「怎麼又回來排了啊？」客人大都會這麼回答：「因為買不夠吃，太好吃了。」真的，非常好吃！

一想到九份，就想起這讓人嘴饞的滷味攤。下次去九份，請記得也要買上一包滷味，就讓它為你在九份山城的美好時光中再加上一股甜香吧。

新北市三重區

三重的道地雲嘉味
龍門江記鴨肉羹

新北一帶有很多地區都住著從雲嘉北上打拚的遊子，而落腳最密集的地區，則是三重蘆洲一帶，也因此，有不少老一輩的人帶著他們道地的雲嘉好手藝在這邊落地生根，靠著那無可取代的美味，在北部拚出一片天。其中，三重龍門路就有這麼一間在地人群聚的龍門鴨肉羹，這裡可說是雲嘉人在台北的加油站，在這兒吃碗家鄉味，解解思鄉情，也能順道填飽氣力繼續打拚。對於不少雲嘉遊子來說，這間店是不可缺少的存在。

三重龍門鴨肉羹在地也已經20餘年了，每天從早上七點開到晚上七點，不論平假日、也不管是不是用餐時段，店裡幾乎都是客滿狀態；一般的小吃店，通常都不會放過週末的營業黃金時段，但龍門鴨肉羹卻毫無顧忌的在星期天公休，從中足見它的生意真不是普通的好。

這裡賣的品項也很單純，只有道地的雲嘉口味鴨肉羹，每碗50

尚好呷ㄟ底家!!

元，最多再加上麵、粄條、米粉、冬粉；但或許就是這種單純的家鄉味，才牢牢得吸住了這麼多死心踏地的老主顧吧。至於什麼叫道地的雲嘉口味鴨肉羹呢？那就是用機器片得非常薄的鴨肉片，切成絲狀的筍和洋蔥，整碗勾上芡，並帶有濃濃的蒜味——這正是道地的雲嘉味！如果你想加辣，這裡加的不是辣椒，而是「辣粉」，所以常可以看見大家桌上的羹都紅紅的，那正是重口味的標準吃法，非常過癮。

這裡除了賣的東西別具特色，裝潢也非常特別。下次如果來到這邊用餐，請一定要注意老闆鍋子上那支不鏽鋼管子，這鋼管是做什麼用的呢？其實是因為生意實在太好，為了省去將做好的鴨肉羹從二樓搬運到樓下的麻煩，因此直接改用鋼管從二樓直送到一樓——這大概是全台少見的獨特風景吧！

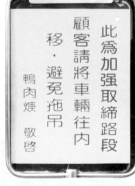

此為加強取締路段
顧客請將車輛往內移·避免拖吊
鴨肉焿 敬啓

🏠 新北市三重區龍門路134號

📞 (02) 2703-8516

🕐 07：00～19：00（星期天公休）

新北市板橋區

期待每個好的開始
好初早餐

「好初早餐」這個有著諧趣店名的早餐店，直接道出了老闆對自己店裡食物的自信和對客人的祝福。

這是一間乍看走著濃濃西式風格，卻又處處充滿著台灣味的有趣店家。這間早餐店的原始建築，本是個沒有人知道如何利用、格局不方正的老屋，但創業的老闆卻是個正值青春、腦中充滿各種想法的年輕人，他和老婆一同花了很多心力和時間利用「有台灣風格、具設計感、幽默、價格合理」的素材，改造了這間老屋——因此，當我們走進現在的好初早餐，便可以看見櫃臺前用廢棄木柴改造而成的彩色木條裝飾，廁所的門是扇曾在某個人家的老木門，老沙發、老凳子和老燈也以絲毫沒有不協調的方式，存在於這個讓人乍看之下新穎的早餐店內。

好初早餐販售的食物同樣也是標榜著「有台灣味、具特色、幽默、價格合理」，和裝潢的風格相映成趣。雖然乍看之下，店裡賣的都是些年輕

尚好呷ㄟ底家!!

人喜愛的西式早點，但使用的，卻是台灣的在地食材，例如，漢堡或沙拉所使用的芽菜正是有機界當紅的「綠藤生機」芽菜，蛋則是選用知名的「勤億」雞蛋；其他，還有用台灣優質櫻桃鴨做成的「宜蘭鴨胸堡」、神農獎得主雲林芳源牧場的牧草鵝做成的「鵝肉堡」、用台灣當令水果手工抹醬製成的甜口味「果醬麵包超人」──透過種種精心挑選的在地素材，讓人們在輕鬆享受美味早餐之餘，也能進而認識台灣種種優質的農產品。

「好初早餐」為了他的理念做了很多努力，所以它雖然很年輕，但卻在很短的時間內成為板橋知名的早餐店，每天不管平假日，總是有人願意大排長龍，只為享受一頓精緻豐美的早餐，可見「好初」這兩個字背後的自信與對客人的祝福，大家都接收到了。

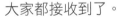

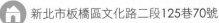

🏠 新北市板橋區文化路二段125巷70號

📞 (02) 2253-2087

🕐 07：00～16：00

和在地人一起大排長龍一下吧！
金旺冰店

位在板橋這間冰店，是不少台北人從小吃到大的好滋味。

從來沒有被媒體報導過的金旺冰店，本來只是一間在消防隊對面的小攤車，不管夏天或冬天，都會有熟門熟路的在地饕客為了這個攤子排隊；一直到現在，雖然它曾經搬遷過，是一個位在不怎麼熱鬧的住宅區內的小店面，但每到夏日時節，金旺排隊的人潮依然醒目。低調的金旺冰店，到底為何能夠如此熱門？原因無他，「大碗便宜又好吃」，應該是每個饕客對它最忠實的稱讚。

金旺的招牌是「蜜芋頭」，蜜芋頭煮得又Q又綿，芋香十足，甜度適中，幾乎每個客人都一定會點芋頭，

尚好呷ㄟ底家!!

新北市板橋區文德路19號

16：30～24：00

光看攤車上還特別註明「因每日產能有限，芋頭每碗限加一份」就可以知道有多麼受歡迎了。當然，除了芋頭之外，每一種配料都可以吃得出老闆的用心，不論是豆類還是各種ＱＱ的圓仔類，都非常好吃，而且給料大方，一碗35元的冰卻添得尖尖滿滿的，超級滿足！

除了夏天的冰品，金旺冬季的熱甜湯也很棒。燒仙草用料實在，仙草味道濃郁，稍一冷掉就會整碗結成凍狀，可見老闆沒在省成本，是很實在的用仙草底燉煮燒仙草；金旺的豆花也是招牌，吃起來綿綿密密又有濃濃的豆香味，配上不管冰的吃還是熱的吃都好味的各式配料，這麼大一碗豆花竟然也只要25元，實在讓人不喜歡金旺也難。

金旺冰店絕對讓人排隊也甘願，是在地人打死也不想掏出的口袋名單，下次不妨也來偷嚐看看它是不是真的有那麼厲害吧。

童年的這一味

三豐芋冰城

新北市
板橋區

三豐芋冰城長得就像是某張發黃老照片中的古早冰店，它也是板橋甚至新北一帶最具代表性的冰店之一。民國65年就開始賣冰的三豐芋冰城，不曉得已是幾代板橋人的共同回憶，至今它依然保持著老冰店的樣貌、機器和口味；一走進這間矮小的冰店，可以看見陳列架上的飛燕牌煉奶、冰菓室的老冰櫃、手寫的價目表、和嗡嗡作響的電扇聲……這種超級古早味，可不是仿舊可以仿得出來的兒時回憶。

來到三豐芋冰城，一定要品嚐他們最特別的「雪冰」。這種雪冰，就是很多人尋尋覓覓的兒時滋味，是那種加了香料的清冰味道。老闆說，「雪冰」的成份只有糖、水和一種名為香檳的材料，按比例調和後急速冷凍，再經過機器一直攪拌，口感便會越來越綿密。

當然，除了令人懷念又好吃的原味清冰外，雪冰還可以再放上新鮮水果，或加上招牌芋泥，這些都是最經典的美味，除此之外，芒果牛奶雪冰

尚好呷ㄟ底家!!

和紅豆牛奶雪冰也是超級受歡迎的口味之一。

　　店裡的另一個招牌是「冰磚」，製作起來比雪冰更費功夫。依照不同的口味熬煮後，再加上麵粉、糖，攪成冰淇淋，然後黏到冰櫃壁上，等結成塊，切成塊狀後才算大功告成。

　　對了！很特別的一點是，他們的外帶雪冰或冰磚一直到現在都還是秤斤賣，而且在裝進冰用塑膠袋後，外頭還會包上好幾層報紙；每次買雪冰回家時，拿到這一包報紙包著的冰，不知道為什麼，就好像回到了童年時買冰的快樂時光，提著冰好像提著寶物回家似的；也因為這種快樂，每年夏天，如果沒去吃趟三豐芋冰城，就覺得自己好像錯過了這年的夏日時光。

古早味的
冰磚美食

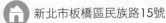

🏠 新北市板橋區民族路15號

📞 (02) 2952-4097

🕐 11：00～23：00

大蚵仔麵線　江　臭豆腐
腸　35元　　　40元

新北市
板橋區

在地人才知道的好滋味
圍牆邊蚵仔麵線臭豆腐

人在北台灣，不能沒有吃過蚵仔麵線；或許很多人不知道，其實台北作法的蚵仔麵線非常特別，並不是在台灣每個地方都吃得到。

台北、新北一帶有很多間知名的蚵仔麵線名店，但也有很多美味的小攤是從未被揭露過的。這間賣蚵仔麵線和臭豆腐的小攤車，固定會停在板橋新埔國中靠近醫院這端的圍牆旁，從下午三點半賣到七點左右；每天車才剛停下，老闆都還沒把桌椅架好，就可以看見很多等著吃麵線或臭豆腐的老饕已經站在車旁等了。

身為在地人，在這攤也吃了十來年，這次趁著採訪的機會才終於和老闆搭上了話，一解自己對這神祕攤車

尚好呷ㄟ底家!!

🏠 1. 新北市板橋區新海路181號（新埔國
　　中）靠立體停車場一側的圍牆旁。
2. 新北市板橋區龍泉街108巷巷口。

📞 0932-120502

🕐 15：30～19：00（新埔國中）
23：00（龍泉街）
（星期天公休）

的疑惑。

　　原來，這攤蚵仔麵線臭豆腐雖是小貨車的型式，卻也賣了20幾年，每天除了在新埔國中的圍牆旁賣下午三點半到晚上七點這個時段，晚上十一點時也會在板橋龍泉街賣宵夜時段。攤車只賣臭豆腐和蚵仔麵線，臭豆腐40元一盤，炸得很是香酥，搭配上他們自家醃製的台式泡菜，入味又好吃，而且臭豆腐份量很多、泡菜也給得大方，可以說是「俗擱大碗」；蚵仔麵線35元一碗，除了有大顆飽滿的蚵仔外，還有滷得十分入味、香氣誘人的豬腸，雖然價格便宜，用料卻非常實在，麵線口味重卻不死鹹，是百吃不膩的好滋味。在現在台北、新北一碗蚵仔麵線動不動就要5、60元的年代，能在板橋街頭發現這樣美味又便宜的小吃真是幸福，強烈建議各位荷包扁扁卻熱愛蚵仔麵線的朋友去一定要去吃吃看唷。

新北市
中和區

用蔥油餅道早安
早安蔥油餅

喜歡吃蔥油餅嗎？在永和有間「早安蔥油餅」是巷子內老饕、在地人才會知道的隱藏版美食，它除了是當地人的最愛外，也是台灣走透透的我，不管怎麼吃都仍是心中永遠最愛的麵點店。

早安蔥油餅是間30年老店，位置說起來不是挺好找的，隱身在市場口的巷子內，不仔細看不會發現，再加上附近還有很多其他賣吃的的店家，因此很容易讓人錯過。說來能夠發現它也是一種幸運，要不是一次騎車經過時受到攤位前方擁擠人潮的吸引，還真不會發現這間隱藏版美食。

早安蔥油餅賣的東西很簡單，只有蔥油餅、豬肉餡餅、韭菜盒子和豆漿，每一種都很好吃，而且份量更是令人滿足。在店裡，可以看見很多員工站在工作檯前現桿現包，蔥油餅大張且厚實，和一般現成的不同，有著濃濃的麵香，就算什麼醬都不擦，原味的蔥油餅經過咀嚼後也會溢出食材原始的香甜；另一個讓人愛不釋口的是他們家的餡餅，肉餡超級鮮甜，一

尚好呷ㄟ底家!!

口咬下還會爆出肉汁,光想起來就讓人口水直流。

在目前物價飛漲的年代,這裡依然維持著25元均一價,而且份量、滋味都還比別人好上許多,最佛心的是居然還有買10送1!難怪這間店雖然從未在網路或媒體上曝光過,卻仍是每天生意興隆,擁有許多老饕級的死忠顧客和在地人的大力捧場,果然是真功夫來著!

早安蔥油餅也有賣生的冷凍蔥油餅,所以如果住得比較遠,或是想買回家做些變化,比如:牛肉炒餅、泡菜蔥油餅、燴餅……等,不妨就直接買些冷凍蔥油餅回家吧,這樣就可以隨時滿足全家人的五臟廟啦!

最佳伴手禮

🏠 新北市中和區永貞路242巷1號
　　(四號公園對面)

📞 (02) 2923-6864

🕐 06:00～12:30（星期一公休）

新北市
中和區

緬甸街裡的台灣人情味

雲南小吃

很多人都覺得中和是個方便但沒什麼特色的地方，不過近年來，位在中和南勢角一帶的泰緬觀光街，逐漸綻放出它獨特的魅力。

其實，這裡本不是一條為了觀光而特別設置的街道，回顧它的歷史，是由於早期中和房價較低，因此吸引了很多到台灣發展的泰緬華僑在此定居，久而久之，緬甸華僑的餐廳、便利商店因為當地居民的需要而紛紛在此開設，造就了當地特有的民俗風情街。隨著中和線捷運的開通，近年來有不少旅客會專程搭到南勢角一帶尋訪道地的滇緬或泰國料理，也因此讓政府意識到這裡的獨特風情，於是特別將這條街道重新規劃成一條觀光街。整區的泰緬商家加一加約莫就有50間那麼多，在泰國的新年時期，這裡還會特別規劃潑水節等盛大嘉年華會，讓很多定居台灣的泰國人能夠藉

尚好呷ㄟ底家!!

🏠 新北市中和區華新街196號

📞 (02) 2949-7636

由這些活動一解思鄉之情。

　　非常建議來到這條街的朋友們不妨鼓起勇氣走進那些食品材料店挖寶,這裡有著濃重的異國情調,可以發現很多從來沒有在別的地方看過或吃過的新食物和新食材;而且,因為在此地生活的人們居多都是已經很習慣台灣生活的華僑,遇到不懂的、好奇的事物都可以向老闆們請教,他們會非常親切的為你解答,完全不會有隔閡的存在。

　　當然,來到這裡,有一間充滿滇緬味的小店是絕不容錯過的,也是當地人才知道的內行美食——雲南小吃,它位在華新街華夏技術學院一帶,非但外觀不起眼,而且還沒有招牌,因為這間店最大的招牌就是老闆和老闆娘的笑臉。

　　這裡賣的雲南小吃道地卻很合台灣人的口味,每一樣都便宜又大碗,紅燒肉絲粄條和紅燒肉絲麵是我的最愛,豌豆粉也百吃不膩,另外也建議大家內用的時候一定要試看看擺放在桌上的醃漬小菜或醬料,真的都是很道地的美味喔!

不管順不順路都得買的 石碇萬紫香腸

自從雪隧開通以後，石碇就不再是一個必經之所，雖然人潮少了許多，但因為是台北、新北一帶少有的純樸小鄉村，再加上當地有著數間無法被取代的美食名店，在電視節目的宣傳下吸引了不少專程前來石碇品嚐美食的人。而對我來說，吸引我前往石碇的也是因為美食，就是為了這攤「萬紫香腸」——或許你會覺得為了香腸而跑一趟石碇也太瘋狂了吧？但是對於一個愛吃香腸的人來說，這種等級的香腸啊，不誇張，不管順不順路我都願意跑這一趟。

萬紫香腸這個位處偏僻、不在石碇老街上的小攤，不管是平日還是假日，總能看見許多人圍繞著等待。老闆是石碇的在地人，所以他們家的香腸，除了黑胡椒口味外，還有利用石碇盛產的桂花和美人茶製成的香腸，吃起來別有一番滋味。一支香腸30元，價格雖然不是最便宜的，但香腸的size卻比一般的大上一些，所以錢也掏得心甘情願，有很多人更是一次幾十支的大量採買。

尚好呷ㄟ底家!!

　　不過要買萬紫香腸可得要有一點耐性,除了排隊的人多,老闆烤香腸烤得仔細也是一個原因;但等待總時值得的,當好不容易拿到烤得熱騰騰的香腸時,一咬下去,才剛感受到香腸皮破開的脆度,緊接著一陣噴汁,讓人措手不及——這就是萬紫香腸美妙的地方。

　　三種口味中,特別推薦桂花口味,香甜的桂花結合新鮮肥瘦比例剛好的豬肉,甜甜鹹鹹又不會太膩,可以讓人一連吃上好幾支;至於美人茶和黑胡椒則都是鹹香的口味,也是很多人喜歡的味道。總之,來到石碇,不管是哪種口味,只要來嚐嚐看萬紫香腸就對了!

🏠 新北市石碇區隆盛村雙溪口41-1號

📞 (02) 2663-1753
　　0937-820711

🕐 平日　10:30～19:00
　　假日　09:30～19:30

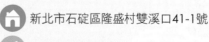

會噴汁的
頂級香腸

基隆市 中山區

平價奢華

益心居龍蝦麻糬

基隆有特色的小吃不少，其中一個比較鮮為人知的是位於外木山港區的「益心居」，益心居本是茶藝館兼民宿，不過竟然還有賣「龍蝦麻糬」這個其他地方都沒看過的特色小吃，也因此吸引不少遊客為了這個特別的麻糬到這兒來走走。

為什麼會想到要拿龍蝦包在麻糬裡呢？原來，益心居的老闆原本曾從事海產批發的工作，他某日靈機一動，想到：「為什麼沒想過拿龍蝦來做點什麼小點心？」——於是龍蝦麻糬的構想就此誕生。

不過啊，乍聽「龍蝦麻糬」，想必大家應該都皺了一下眉頭吧？其實它吃起來的味道非但一點也不奇怪

尚好呷ㄟ底家!!

基隆市中山區協和街225號

(02) 2426-6050
(02) 2422-1147

平日　12：00～18：00
假日　11：00～19：00

最佳
伴手禮

或突兀，龍蝦還能出乎意料的與甜甜的麻糬皮完美搭配。它的作法和一般想像中圓圓的麻糬不大一樣，而是像做花壽司那樣是捲成長條並切段的作法。為了讓整體的口感更有層次、更豐富，老闆還一再改良；以現在的版本來說，麻糬皮包了爽脆的黃瓜、大塊的龍蝦肉、香菜和紅豆沙……等，吃起來甜甜鹹鹹、不油不膩。

除了這裡的招牌龍蝦口味，店裡還有別處沒看過的干貝麻糬、魚翅麻糬、烏魚子麻糬，和各種甜口味麻糬，看起來都很不錯。海鮮系列的麻糬雖然不能混合口味購買，但一盒四顆僅要價100元，平均下來，一個25元的龍蝦麻糬其實高貴不貴！

現在麻糬都做成外帶，如果買了麻糬，便可以走過馬路到海邊，一邊觀賞風景一邊享用美味的龍蝦麻糬，這也是在基隆才能體驗到的不一樣的旅行享受喔！

基隆市
仁愛區

練過鐵砂掌的
基隆夜市碳烤三明治

　　基隆夜市小吃無敵多，好吃的東西十根手指頭都數不完，不過每回去基隆夜市，就算人擠人我也一定會去買的一攤，就是「碳烤三明治」。在基隆夜市裡，「碳烤三明治」就有兩個攤位，一攤賣早上、一攤賣晚上，足見這碳烤三明治老店人氣有多旺！

　　其實說也奇怪？它真的是個不管作法或配料都蠻簡單的三明治，但就是會散發一股獨特的古早味，百吃不膩。

　　每次看老闆在烤三明治的時候都會覺得他好厲害，因為等待的人實在太多，往往等不及拿夾子或工具，所以老闆就像練過鐵砂掌似的，都直接用手來翻；煎蛋的人也是技高一籌，常看他只拿一支湯匙，便能將蛋液一層一層疊上，煎出鬆軟綿密的蛋。也許就是因為店裡的人都有特殊的超能

力吧？所以乍看之下簡簡單單的三明治吃起來就是特別好吃。

碳烤三明治有不少口味，最推薦的就是雞蛋火腿三明治和炸豬排蛋三明治，雞蛋火腿三明治用的火腿比一般早餐店使用的厚，加上鬆鬆綿綿的蛋、現切的番茄片，最後再加上一大匙美奶滋和厚厚一層花生醬，乍看之下以為會很油，可吃起來卻意外的不膩口；豬排蛋三明治就是火腿的部分換上份量比較大的豬排，所以吃一份就非常有飽足感，也是攤上最受歡迎的口味。

除了三明治，當地人吃碳烤三明治時都還會點上一杯可可牛奶，雖然不知道為什麼當地人都愛這樣的搭配組合，但自從跟著點上一套「三明治＋可可牛奶」後，現在去買碳烤三明治就會像受到制約似的也一定會這樣點。如果你也想嚐嚐看當地人的口味，就也跟著這樣吃吃看吧！

還有
這一味！

早上：基隆市仁愛仁三路10號前
晚上：基隆市仁愛區愛四路26號
　　　（三兄弟豆花前）
　　　基隆市仁愛區仁三路9號

0937-053179

07：00～16：00
17：30～夜市收攤

基隆市
仁愛區

隱藏版超強火鍋餃王
三記冷凍食品

第一次吃到三記的魚餃是在一間很喜愛的日本料理店裡，那間日本料理店的冬季魚火鍋正是選用了三記的魚餃，一吃，驚為天人！以前從來沒吃過這樣久煮不爛，而且每一口都吃得到魚肉鮮甜滋味的真正的「魚餃」；畢竟，多數人自小應該都吃慣了口感廉價的冷凍魚餃，幾乎沒有人會期待魚餃裡真的會包著魚肉。當時，因為太過驚豔，於是向老闆打聽了這魚餃到底是何方神聖？老闆透露，這是藏在基隆巷弄間的超級名店——三記冷凍食品。

既然探聽到了，於是就決定親自去探訪這間神祕的隱藏版名店，不看則已，一看便更加崇拜起這間冷凍食

尚好呷ㄟ底家!!

製作
大公開!

基隆市仁愛區仁三路61巷5號

(02) 2422-8739
0935-309330

(02) 2428-0318

08：00～17:00

最佳
伴手禮

品店──一盒區區幾十元的火鍋料魚餃，在他們手上卻是非常費工，現場有一大票婆婆媽媽們親手現包，一包好，就立刻送進冷凍庫，而且用的可全都是真材實料。

三記的魚餃和燕餃皮，不像一般廠商只是用麵粉去調味或調色而已──三記的燕餃，燕皮是選用沒有筋的溫體豬肉打成的絞肉並加以槌打揉製而成；魚餃皮更使用了海鰻皮製作──就是這樣的真材實料，才造就了久煮不爛又鮮甜美味的口感。

因此，雖然三記隱藏在毫不起眼的小巷裡，卻仍是許多老饕們火鍋食材的不二選擇。

切記！如果是過年要訂購的話，千萬要記得提前打電話預訂。因為是手工製作，每天都有限量，也會優先出貨給長期合作的百貨通路和餐廳；所以對於散客，他們就只做限定口味或數量，因此過年期間想到店零買或團購都會比平常更困難。想吃的朋友們一定要記得提早訂購喔！

不凋零的百年老店
連珍糕餅

基隆市
仁愛區

說到基隆的美食，除了港邊的海鮮、廟口的小吃外，還有一個絕不會被人遺漏的美味——那就是擁有百年歷史的「連珍糕餅店」。

連珍糕餅雖然賣的幾乎都是傳統糕餅，但它傳統的美好滋味，可是蟬連好幾年團購美食的大熱門，就連許多美食節目都爭相採訪介紹。

連珍創辦至今已經歷時一甲子，第一代創辦人鄭原道先生出生於日據時代，自幼就從父親的「自然香餅店」那裡傳承了百年前的糕點製作技術，擁有扎實的基礎；除此之外，他也曾因從事食品貿易事業而周遊海外，這讓他有著和一般人不同的獨特眼光。在這樣的背景下創立的連珍食品，在開立之初就已經受到市場大眾的喜愛。

吃過連珍糕餅的人，不管吃的是什麼口味或種類，都應該對他們的糕

尚好呷ㄟ底家!!

點有著一個共同的印象——口感非常綿密細緻——說起來，這口感可是大有玄機！因為連珍除了有歷史悠久的金字招牌外，也一直執著於用料的實在，他們的糕點都是使用台灣上等糯米製成，再配合上店裡老師傅們長年的糕點功夫，靠著經驗累積的勁道，運用捏、揉、搓、打、轉、抓等手法製糕，造就連珍那無可取代的美味。

來到連珍，什麼商品是最熱門的必買首選呢？其實，吃過那麼多種口味，只有一次比一次驚豔，倒沒有踩過地雷；不過，根據網友們團購經驗的推薦，最熱門的就是即便預定也可能要等上好幾個月的「芋泥球」；還有用料超實在、吃起來有西米露口感而且還無敵綿密，非常適合夏天品嚐的「雪露」；除了這兩款。大家也可以試試看其他傳統的糕餅類和新開發的創新甜點，全手工製作的糕餅甜點們都是連珍相當自信的商品喔！

最佳伴手禮

 基隆市仁愛區愛二路42號

 (02) 2422-3676

🕐 08：00～21：00

桃竹苗是台灣客家人最密集居住的城
鄉之一，可想而知，到桃竹苗就該品嚐
那琳瑯滿目的客家料理，不浪費的
客家人最會利用各式各樣當地的
食材製成有飽足感和能久放的食
物，客家人最喜歡的粄（粿）和各式
各樣QQ的食物，是旅人們到桃竹苗必吃的特色
食物，不論鹹甜，記得嚐嚐來自客家人硬頸、愛惜地土、充滿韌性的小吃吧！

　　另外，風城寶山因為地利，是日劇時代日本代工「黑糖」的祕密地點，時至今
日，更造就了它獨特的黑糖美食，也是不容錯過的在地特色唷。

桃
園　D

新
竹　E

苗
栗　F

桃竹苗
の在地美食

桃園縣
桃園市&
中壢市

讓人期待的草莓季
佳樂波士頓派

如果有人問我最喜歡哪間蛋糕的鮮奶油？毫無疑問地，在台北我絕對會選紅葉，至於桃園，則是「佳樂」最為經典；而說到鮮奶油，如果想要一嚐這兩家蛋糕最頂尖的美味，除了可以豪邁地吃下大量鮮奶油的生日蛋糕外，另一個首選就是波士頓派了。

佳樂的波士頓派是熱愛波士頓派的饕客們絕對不會不知道的第一招牌。

佳樂是桃園和中壢的糕點老店，至今已經經營了30多年。一開始是由老闆北上學習奶油的製作，學成後回到桃園開始販賣波士頓派，沒想到光這一項就熱賣了30個年頭。

佳樂的波士頓派之所以好吃，是因為鬆軟的蛋糕體中夾著大量的鮮奶油，份量雖多，卻又不會讓人感覺過份甜膩；波士頓派上面灑的奶粉取代

尚好呷乁底家！！

最佳伴手禮

桃園店

🏠 桃園縣桃園市民生路124號

📞 (03) 333-5339
(03) 334-5914

🄴 http://www.cakeking.com.tw/
front/bin/home.phtml

中壢店

🏠 桃園縣中壢市中北路2段
418號（合作金庫對面）

📞 (03) 456-0222
(03) 456-0396

🕐 全年無休

了一般的細糖粉，更為波士頓派畫龍點睛；雖然原味就已經非常好吃，不過佳樂卻還有更夢幻的波士頓派逸品──「限定版草莓波士頓派」！草莓季才會推出的草莓波士頓派，是在原味波士頓派中，夾著粒粒飽滿、鮮豔欲滴的草莓，吃起來酸酸甜甜讓人欲罷不能；口感脆且多汁的草莓搭配上超香濃的鮮奶油和綿密的蛋糕，讓人一想到那滋味就流口水，不管賣相或口味都是上上之選，難怪不少人都分外期待草莓季的到來。不過想買的人可要早點下手，否則在瘋狂搶購下，動作慢的人只能望之興嘆了。

佳樂除了波士頓派非常好吃外，生日蛋糕、桂圓蛋糕和各類傳統糕餅也是一時之選，尤其是它的芋泥蛋糕更是經典，喜歡芋泥的朋友絕對會被這個傳統卻永不退流行的奶油芋泥蛋糕收買芳心；在不是草莓季的時候來到佳樂，相信還是有許多讓人齒頰留香的美味蛋糕能夠滿足你的味蕾喔。

桃園縣
中壢市

客家粄飄香
劉媽媽菜包

沒有一個人提到客家料理不會特別提到「粄」的,而「粄」就是閩南人口中的「粿」。其實以米食為主的台灣,不管哪個鄉鎮、哪個地區,幾乎會都有屬於自己家鄉的「粿」,「粿」或「粄」不僅是為了各種傳統年節或各種慶典而存在,也是各地幾乎都有的必嚐美食之一,而位於中壢的這家「劉媽媽菜包」以及稍後會介紹的「三角店」,更可以說是代表客家「粄」小吃的經典名店。

劉媽媽菜包,雖然店名叫的是「菜包」,但客家人指的「菜包」可不是我們想像中的素包子,而是裡面包著蘿蔔絲、蔥、蝦米、豬肉等一些炒料的「粄」,吃起來外皮軟Q有勁,內餡扎實豐富,兩相搭配下讓人只要咬上一口就會愛上那股濃郁的客家味。

劉媽媽菜包最特別的一點,是它

尚好呷ㄟ底家!!

就像便利商店一樣24小時營業。其實，這家店最早並沒有這樣的規模，創始者劉媽媽原本只是和先生一起將自家做的菜包拿到市場上販售，由於菜包實在好吃，生意非常好，所以最後才以這一味開了店，並成為如今的知名店家。店裡除了菜包外，也販賣各式各樣的客家糯米食品，其中艾草粄、大片的黑糖粿、芋頭包和竹筍包等也都很值得一試。

🏠 桃園縣中壢市中正路268號

📞 (03) 422-5226

🕐 24小時（春節公休）

最佳伴手禮

79

百吃不膩鹹甜香

桃園縣中壢市

三角店

提到客家「粄」，除了上述的劉媽媽菜包外，當然也少不了要介紹另一家同樣位於桃園的馬路轉角名店——三角店。它和劉媽媽菜包一樣賣的都是客家糯米食品，因此常常被人拿來比較，味道可以說是一時瑜亮、不分軒輊。

三角店同樣也販賣著超級多樣化的客家美食，琳瑯滿目的米食總是會讓第一次去的人失心瘋不小心買太多。在這邊我要特別推薦百吃不膩的「芋粿包」！每次即便已經吃得很飽，甚或剛好先逛過了劉媽媽菜包而買了一堆戰利品，但我還是必定會來一趟三角店，再多買兩三個芋粿包——三角店的芋粿包像豪華版的芋粿巧，大塊的芋頭和炒得香香的蝦米、油蔥、細肉末，香氣逼人卻絕不油

尚好呷ㄟ底家!!

最佳
伴手禮

蒸籠裡的
美味！

膩，一吃必定上癮，所以千萬要小心不要吃得太多，否則對消化可是不太好呢。

總之，下次到三角店時，除了有名的菜包以及琳瑯滿目的甜口味粿外，這家的芋粿包可是必買的喔！

🏠 桃園縣中壢市中正路272號

📞 (03) 425-7508

🕐 24小時

🌐 http://www.caibao.com.tw/
map.php

傳香五代，友情常伴
黃日香豆干

桃園縣大溪鎮

桃園大溪可說是豆干的一級戰區，腳都還沒踏進大溪老街，遠處便可以看見四處林立的豆干名產店了。

其實好吃的豆干在桃園大溪應該是矇著眼都能買到，因為大溪的水質好，做出來的豆干硬是跟台灣別處風味不同。但這裡要介紹的這間黃日香豆干，可不只是好吃、有名氣而已，它同時也非常具有代表性——因為從民國13年飄香至今，它可是具有讓蔣經國先生一再造訪的傳奇美味。

黃日香豆干位處的店址其實是條窄巷，不過當年還是行政院長的經國先生已經聞名黃日香豆干和豆漿的美味，於是某天，他突然造訪黃日香豆干，老店老闆想必是受寵若驚吧。當年的經國先生喝了黃日香豆漿後驚豔不已，他環視黃日香當時還在興建的房子後說：在房屋建好後自己還會再來造訪。當時的老闆本以為經國先生只是說說場面話，沒想到在黃日香新屋建好後的某日，已經是總統的經國先生真的來了！

尚好呷ㄟ底家!!

　　當時黃日香的老闆壓根兒沒想到經國先生真的會來，所以也沒有特別熬煮豆漿，經國先生因為喝不到這懷念的滋味而感到非常遺憾；從此，老闆自那天開始，每天都會熬煮一壺上好的豆漿冰在冰箱，以備經國先生來訪，如果經國先生沒有來，他晚上才會把那壺豆漿給喝掉。經國先生知道這件事後，就經常造訪黃日香，也因此和黃日香的老闆成了好朋友，數次在自己的日記裡提到造訪黃日香豆干的事。

　　不過黃日香並不只是間和總統成為好友的豆干店而已，他們遵循古法製作的豆干也的確非常美味，能從一間大溪的小小豆干店一直擴展成現在全台灣百來間的規模，說起來也算是一個傳奇。下次如果有機會到大溪一遊，請記得不要錯過黃日香老店獨賣的熱豆干拼盤；這拼盤集結了黃日香豆干的美味，一邊吃，或許還可以一邊遙想經國先生那有趣的故事，或許會讓盤中的美味更家迷人。不過因為完全 不含防腐劑，所以請當天趁熱吃完喔！

 桃園縣大溪鎮和平路56號

 (03) 388-2055

 07：00～20：00

 http://www.hrstw.com.tw/index.php/main/

最佳伴手禮

新竹縣
關西鎮

因喜歡小朋友而得名
關西吹咕麵

在關西，沒有人不知道「吹咕麵」。一進到關西地界，就可以看見很多指路牌會告訴你這間鼎鼎大名的關西名店所在地，所以即便是外地人，或許腦海中也會對這間在地美食多少有些印象。

「吹咕」這個店名很可愛，後來才知道，原來這個店名的意思是客家老人逗弄小孩發出來的聲音，由於創立吹咕麵的第一代老闆非常喜歡小孩子，每次看見小孩來買麵就會「吹咕吹咕」的逗小孩玩，於是老闆被稱為「吹咕阿公」，加上當時是推車賣麵還沒有店面，所以大家乾脆「吹咕麵」來稱呼這間麵攤，而這個名字也就一直沿用到現在。

吹咕阿公最早在民國40幾年的時候於林口龜山的大湖營房裡賣麵，數年後換到竹東的東林橋頭夜市繼續賣麵，後來更在家門口和農會前

尚好呷ㄟ底家!!

最佳伴手禮

🏠 新竹縣關西鎮光復路33號

📞 (03) 587-5541

🕐 11：00～20：00

ⓔ http://anggu.myweb.hinet.net/

兩個地點推攤車賣麵，最後才改裝家裡做為現在的吼咕麵店；這麼一賣也賣了70幾年，很多老客人都吃出感情，直到現在，規模已經不可同日而語，光看店裡的簽名就知道這裡除了在地老主顧外，早也是遊客到關西必吃的美食。

吼咕麵最有名的雖然是乾麵，但其他不管是小菜、客家粄條、餛飩湯、三角粄（水晶餃）也都相當出色。當中我最喜歡吼咕麵的三角粄了，不管湯的或乾的都很好吃，加上吼咕麵特製的辣椒提味，每次吃完都會讓我忍不住外帶個餛飩和三角粄回家。另外，這裡也提供宅配服務喔，想吃吼咕麵的朋友在家裡就能吃到這兩樣美味的小吃了，哪怕不能去關西，也可以解解對吼咕麵的相思之苦啊。

新竹縣
芎林鄉

不添加一滴水的簡單原味
新美珍布丁蛋糕

說到團購正夯的新竹名產，不少人腦海中第一個閃過的都是新美珍餅鋪賣的「布丁蛋糕」，算起來，新美珍的布丁蛋糕或許還是全台灣網購和團購的始祖，因為最早掀起團購風潮的正是這款布丁蛋糕。

其實，這款布丁蛋糕長得非常平凡，甚至可以說是太過樸素，不過新美珍餅鋪正是靠這一款蛋糕就賣到全台無人不知、無人不曉，也因為這樣，其他業者也紛紛仿效起這個看起來一點都不難做的蛋糕，但吃過幾間相似的店，滋味就是和新美珍蛋糕有點差距，新美珍的簡單古早味還真是無可取代。

一次，終於鼓起勇氣問老闆：到底這個蛋糕的祕密是什麼？怎麼能讓一個蛋糕綿密和鬆軟並存的這麼完美？——憨厚的老闆只笑著說，他們的蛋糕沒什麼特別的祕訣，只是堅持

尚好呷乁底家!!

最佳伴手禮

用最好的天然原料且不攙一滴水——或許就是這種原始的單純，才能造就這樣令人難以相信的美味，一個完全沒有點綴果醬、果乾或奶油的簡單古早味蛋糕，竟能讓人一口接一口，一下子就把它吃光光，成為一個吃過一口就會經常懷念的滋味。

在芎林這條不特別熱鬧的街上，不管什麼日子，新美珍的櫃臺前雖然還不到人潮擁擠或是大排長龍，但客人也真沒有間斷過，每個人往往都是十幾二十個的買，看不見的網路訂單就更不用說了，也因此新美珍的櫃臺上總會放著數十、數百個蛋糕準備出貨。

下次來到新竹，不妨親自到店裡順道採購看看這樣實無華卻擁有神奇魔力的布丁蛋糕吧！雖然新美珍蛋糕可以宅配寄送也可網購，但因為太熱門了，所以常常需要等待；既然來到新竹，可千望別遺漏掉這讓人望穿秋水的美味喔！

簡單的古早美味！

🏠 新竹縣芎林鄉文昌街40號

📞 (03) 592-3404

🕐 07：00～21：00（星期天公休）
（一般約七點就賣完打烊了）

新竹縣
寶山鄉

寶山挖寶
黑糖爆漿饅頭

　　新竹寶山鄉，對這個地方有印象的人應該不多，這裡是日據時期北台灣生產甘蔗的重鎮，事實上，「沖繩黑糖」這種名產實際上有80%都是由新竹寶山這個鮮為人知的小鄉鎮所生產外銷的。

　　飄著糖香的寶山，為了讓民眾更了解寶山糖廠的製糖文化和歷史，成立了新城社區發展協會和新城風糖，一方面讓遊客了解新竹製糖的歷史，

二方面也更努力發展屬於自己的城鄉特色，重新珍視「黑糖」這個原本就該是寶山鄉的寶物，並進而研發出屬於寶山鄉的特色商品。

　　新城社區發展協會的新城風糖剛好位於寶山的迴龍步道前，所以除了產業發展的宣傳推動外，假日前來步道走走的民眾也成了推廣的助力之一，隨著寶山黑糖的知名度越來越高，也越來越多人迷上這股甜

尚好呷ㄟ底家!!

最佳伴手禮

🏠 新竹縣寶山鄉新城村寶新路二段251巷25號

📞 (03) 576-2295

🕐 09：00～18：00

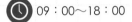

蜜的味道。

最熱銷的產品是限量販售的黑糖糕和爆漿黑糖饅頭。寶山鄉的黑糖糕跟澎湖或其他地方吃到的黑糖糕不同,更Q、更有香味,而且只能現場購買不提供宅配,所以每個週末搶購黑糖糕的人潮從沒少過,如果想吃的話,還是先打個電話去訂購比較保險;而充滿黑糖香氣的黑糖爆漿饅頭則是另一項令人吮指回味的絕妙滋味,饅頭包著香濃的黑糖漿,剛出爐時熱呼呼的真是好吃到破錶。不過吃黑糖爆漿饅頭時千萬要小心,有不少人因為不曉得黑糖那麼燙口,一下子咬得太大口而讓熱熱的黑糖漿燙傷了嘴巴或手腳,小口小口品嚐才是最好也最安全的方式喔!

桐花季時到新竹寶山走走吧,吃黑糖饅頭之餘,還可以散步賞油桐花,五感大滿足!

名牌花生醬

新竹市

福源花生醬

花生醬也有名牌？你沒有看錯！聽到花生醬，內行老饕一定都會推薦福源花生醬，順便提一句：連馬總統都從小吃到大。不過就算不靠總統加持，60多年老店的美味也同樣讓人瘋狂。它只有一間店，位在新竹市東大路的舊社區裡，一點都不顯眼，但卻賣花生醬賣得全台出名。

其實福源花生醬不只賣花生醬，一樓店裡擺滿著各式各樣年節雜貨，種類繁多，品項從餅乾、豆干、糖果、零食到自家烘炒的花生和花生醬、芝麻醬都有，同時也兼營炒花生批發，不過這些商品中還是花生醬最無人能敵。

第二代店主們從小就在花生堆中長大，耳濡目染之下，各個都是花生達人，很懂得炒花生和做頂級花生醬的真功夫；想做出好吃花生醬，除了花生得精選，還必須掌握烘炒時機

尚好呷ㄟ底家!!

器的溫度和時間，炒熟後的花生要先放涼，再放入糖和鹽研磨成醬。福源花生醬不同於其他間的花生醬，吃得出用料實在，完全沒有化學的味道，只有很天然的花生香氣，除此之外，福源花生醬也比其他牌子的花生醬柔滑、細緻、好塗抹。

福源的花生醬分成平滑和顆粒兩款，平滑花生醬吃起來有砂糖或鹽巴的沙沙口感；而顆粒花生醬鹹鹹甜甜，吃得到花生顆粒的香、濃，百吃不膩。簡單而芳醇的味道，只要配上單純的白吐司就足以打遍天下無敵手，喜愛花生的朋友一定要來嚐嚐這花生醬的夢幻逸品。

新竹市東大路一段155號

(03) 532-8118

08：00～21：30

最佳伴手禮

人文飄香桂花巷

南庄江記桂花釀

「好山、好水、好南庄」，這句話道盡為何近年來南庄這個小鄉鎮總是有大批遊客造訪的緣故；此外，我覺得好南庄除了有好山好水，同時也蘊涵著許多「好人情」，而南庄的「好」之所以沒有因為它的小而被埋沒，其實也正是要歸功於在地人對行銷當地的文史工作之努力。

江記桂花釀的店主人本身，也就是這樣一位南庄的文史工作志工，因為熱愛南庄，所以行銷南庄之美不遺餘力，他帶著愛所做出來的南庄特色伴手禮和美食也打動了不少前往南庄桂花巷的遊人。桂花巷內的江記桂花釀，正是這麼一間與南庄土壤緊緊相依存的在地好店。

賣桂花釀的店家雖多，但我獨愛江記的桂花釀。江記的桂花釀有著花的香味，自然不造作，就像瓶好香

尚好呷ㄟ底家!!

本店

🏠 苗縣南庄鄉文化路15號(桂花巷)

📞 (037) 823-386
　　0972-054120

📄 (037) 825-735

最佳伴手禮

三峽店

🏠 新北市三峽區長福街8-2號

水。每次經過南庄,就會停下來吃碗江記獨賣的桂花釀湯圓冰,夏天吃最是適合,不過既然稱為最愛,哪怕是寒風刺骨,經過南庄時我依然會忍不住買來一嚐這久違的相思味。

江記的桂花釀湯圓冰是店主在10年前跟著老母親做「客家粄」時發想出來的甜品,帶濃濃糯米香的湯圓搭著優質的桂花釀,再加上新鮮水果切片,這冰品看似簡單,卻受到遊客熱烈的喜愛。我曾問過老闆為什麼加的

是水果而不是蜜豆類或其他常見的挫冰料?原來,是因為老闆覺得水果可以緩解吃糯米所造成的脹氣才特別選用的。難怪這碗冰我吃了這麼多次,卻從來不覺得會因吃了太多湯圓而感到不舒服,同時水果的微酸也中和了桂花蜜的甜味,讓這碗冰的味道再度昇華,百吃不厭。

除了冰,在這裡也可以買到各種花釀製的蜜,不管自用或餽贈親友都很適合唷。

集好吃便宜又大碗於一身
賴新魁麵館

苗栗縣
三義鄉

到苗栗三義要吃什麼好呢？如果你心裡沒個主意，那麼就讓我推薦這家賴新魁麵館。它是間很厲害的麵店，除了招牌上醒目的寫著60年的老字號外，對面竟也有因應人潮而開設的停車場，足見這麵館的來頭肯定不小。

賴新魁麵館連平日中午都還是滿客狀態，受歡迎的程度可見一斑，平日的中午整間店來得幾乎都是在地人，顯然它經得起考驗，已然成為當地最具代表性的老口味了。

來到賴新魁麵館，你可以先到琳琅滿目的小菜區拿上幾盤可口的小菜，然後轉頭觀察一下，學學在地人的吃法，也點上一盤每人必點的大骨肉，接著再從米粉、麵和粄條中選一樣你最愛的來大快朵頤一番。不過個人建議，既然來到苗栗三義這種客家庄，你就應該嚐嚐他

尚好呷ㄟ底家!!

們家的粄條，賴新魁麵館的粄條真的非常出色，超Q彈滑口，對於吃遍台灣客家庄粄條的我來說，賴新魁的粄條絕對名列前三。

最難得的是，賴新魁麵館雖是當地名店，但每樣食物的價格還是很平實，份量也很大，女生叫碗小的麵加蛋和肉片才50元就可以相當飽足；而如果你不是大胃王，也千萬別挑戰一碗麵加上一碗餛飩湯的「一般吃法」，因為他們家的餛飩湯幾乎整碗都是餛飩，可絕不是一般的份量。在這年頭還能吃到這種集「好吃、便宜、大碗」的麵店真是件非常幸福的事，下回如果經過苗栗，別害怕會踩到只有觀光客才會上門的地雷名店，跟著當地人吃就對了！就怕你到時候也會愛上賴新魁麵館，時不時就會想到苗栗走走呢。

滿滿的餛飩湯！

🏠 苗栗縣三義鄉中正路170之1號

📞 (037) 872-600

🕐 07：00～20：00

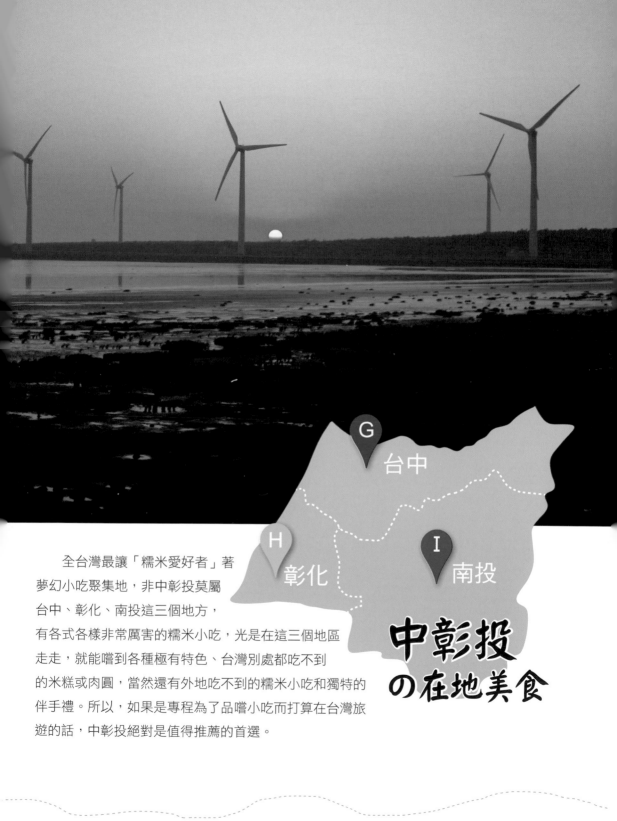

全台灣最讓「糯米愛好者」著
夢幻小吃聚集地，非中彰投莫屬
台中、彰化、南投這三個地方，
有各式各樣非常厲害的糯米小吃，光是在這三個地區
走走，就能嚐到各種極有特色、台灣別處都吃不到
的米糕或肉圓，當然還有外地吃不到的糯米小吃和獨特的
伴手禮。所以，如果是專程為了品嚐小吃而打算在台灣旅
遊的話，中彰投絕對是值得推薦的首選。

G 台中

H 彰化

I 南投

中彰投
の在地美食

外帶區

台中市
清水區

最讓人魂牽夢縈的筒仔米糕
清水阿財米糕

清水米糕無人不知、無人不曉，清水這個地名若說是由「米糕」敲響知名度的也不為過吧？

清水的始祖米糕店，算起來應該是名氣最響亮的70年老店「王塔米糕」，但若論人氣嘛，在地人應該都會推薦這間稍微年輕一點的30年老店——「阿財米糕（財伯米糕）」。阿財米糕不是當地歷史最悠久的米糕店，但老闆財伯正是歷史最悠久的

米糕店「王塔」的學徒，後來自立門戶，將米糕改良成自己研發的口味，沒想到比起師傅王塔也絲毫不遜色，成為清水這個米糕集散地的另一家人氣米糕店。

阿財米糕店的米糕體，不像北部那種好似炒過的油飯，而是白糯米飯，上面鋪著一層滷到入口即化的超綿密三層肉與一些豬後腿肉，淋上帶有甘甜的油蔥滷汁後，香氣四溢，

尚好呷ㄟ底家!!

台中市清水區西寧路
105號

(04) 2622-9853

10：00～19：00
（星期一公休）

實在讓人不流口水也難；敢吃辣的人則一定要再加上一些店家自製的**甜辣醬**，特調的醬汁甜甜辣辣的可以讓人一口氣吃兩顆米糕也不嫌多。最豪華的吃法就是再加一顆滷蛋，阿財的滷汁成就了米糕的出色，想當然耳，同樣的滷汁拿來滷蛋想必又是另一樣美味。**米糕加滷蛋，這是最棒的吃法！**

有的人或許會覺得米糕偏鹹，需要搭配個清湯，那麼除了推薦貢丸湯和餛飩湯外，也可試試看**肉羹湯**，這裡的肉羹湯放了很多的蘿蔔絲，和北部的也不太一樣，是不勾芡的，喝起來很清爽。最後，要特別推薦一下這裡的**腦髓湯**，這種難能一見的美食，如果你敢吃的話絕對應該品嚐看看，阿財米糕的腦髓湯沒有腥味，搭配上重口味的米糕可以說是絕配喔！

梧棲鹹蛋糕比一比
林異香齋&梧棲小鎮

梧棲鎮，古稱「竹筏穴」，又名「五叉港」，而地方賢達雅士更取「鳳非梧不棲，非靈泉不飲，非竹實不食」的雅意化為梧棲。即使是這樣，這個曾以漁港興盛的小城鎮，每次到梧棲，都覺得它純樸到讓人感覺好像回到某個年代。

或許是因為它除了漁港外並沒有其他什麼特別的景點或鬧區吧，每次來這裡，最大的理由總是為了「鹹蛋糕」；我想，應該也有不少人是如此的吧？誇張一點來說，正是因為「鹹蛋糕」才讓人們發現梧棲、探索梧棲——至少我是這樣的。

說起鹹蛋糕，台灣有好幾間好吃的鹹蛋糕，不曉得你吃過鹹蛋糕嗎？別皺眉了，其實那味道一點都不怪呢！

鹹蛋糕的作法不少，有些是上面灑蔥花中間包肉鬆的、有些是包肉鬆

林異
香齋

梧棲
小鎮

尚好呷ㄟ底家‼

林異
香齋

和奶油、有些則是包炒過的魯肉燥……梧棲的鹹蛋糕正是屬於包肉燥的這種。梧棲的鹹蛋糕之所以好吃，是因為它包的魯肉燥不肥不膩，而且還加了香菇和筍丁拌炒，除了肉末還吃得到脆脆的口感，讓鹹蛋糕更有滋味。

梧棲最傳統的鹹蛋糕有別於我們認知的蛋糕作法，而是有點像港點的馬來糕一樣，是用蒸籠蒸熟的。林異香齋是梧棲當地的百年老店，它使用的就是這種傳統蒸法來做鹹蛋糕，做出來的鹹蛋糕不油不膩，包肉燥恰到好處，讓蛋糕這個「西式」的食物變得很「台式」。

除了林異香齋外，還有另一間新

傳統餅香！

尚好呷ㄟ底家‼

崛起的梧棲名店——梧棲小鎮，聽說它打敗了老店成為團購新盟主，所以當然也該來嚐嚐它的好滋味。一進店門，就可以感覺到一股嶄新的氣息，它改良了傳統鹹蛋糕用水蒸的方式，改以烤的方式製作，並研發了許多種新的口味，其中「素」的鹹蛋糕更是受到廣大網友的喜愛。

不過，如果你問到底老店好？還是新店好？說實在的，老店有老店的不可取代之處（尤其是餡料的部分），但新店也有新店迷人的地方（口味眾多且素食者也可享用），還真是沒辦法比較出一個勝負，不如……就都試試看吧！如何？

最佳伴手禮

林異香齋

🏠 台中市梧棲區梧棲路170號（郵局對面）

📞 (04) 2656-2339

🕐 08：30～21：00

梧棲小鎮

🏠 台中市梧棲區中興路376號

📞 (04) 2658-4035

📠 (04) 2658-4396

🕐 08：00～21：30

梧棲小鎮（觀光工廠）

🏠 台中市梧棲區中興路148號

📞 (04) 2658-4035

🌐 http://townwuchi.emmm.tw/

❗ 只接待團體客人，15～20人一團

物美價廉的超級好味
東海蓮心冰、雞爪凍

台中市
龍井區

最佳
伴手禮

🏠 台中市龍井區新興路1巷1
號（東海大學旁）

📞 (04) 2632-0182

📠 (04) 2632-0982

🕐 08：00～24：00（例假日
照常營業）

🌐 http://donghai.idv.tw/

　　説到台中美食，應該不少人都會直接聯想到這間超級名店吧。本來也很猶豫，像這樣路人皆知的名店，到底需不需要我再介紹一次呢？不過想了一想，「東海雞爪凍」真的是間只要提到「美食」或是「台中」都不應該被落下的老店啊！

　　東海夜市裡藏著許多美食，不過，如果説「東海雞爪凍」是這夜市中的霸主，應該不會有人有異議。不過和霸主這個身分相反的是，東海雞爪凍的老闆卻是個很謙和的人，他在官網中對自身店家的簡介中提的：自家的產品其實都源自於其他名店——光這一點，就能感覺到他與眾不同的氣質。雖然不管彎豆冰還是雞爪凍都非他原創，但在他加以研發改良之下，居然將這兩樣原本完全不相干的食物經營得如此有聲有色，不但打響了自家的名號，也讓雞爪凍這道台灣小吃名氣大開。

　　他們家的雞爪凍，好吃是不用説的了，以各種香料和中藥材文火煮過6小時後再冰鎮數小時入味，從冰櫃拿出來的雞爪凍，上面沒有霜，足見產品的流動速度很快，每樣都很新鮮；雞爪凍表面焦糖色的光澤顯示了它滲入骨子裡的入味程度，Q軟的膠質入口即化，就連骨頭都可以大口啃下。無怪乎每個人都好幾十盒的大手筆掃貨，因為這味道實在令人一吃就會上癮。

　　老闆曾説：「物價高漲的今天，我的產品仍然很便宜，您感覺到了嗎？」價格也是東海蓮心冰老闆所堅持的誠意，這無疑是一種念舊和感恩客人的老店心意。

　　下次到台中走走時，記得也拜訪一下這間誠意十足的感人老店吧。

台中市
西屯區

百吃不膩的好滋味

逢甲黑輪大王─阿華黑輪

在逢甲夜市這種小吃的一級戰區裡，藏著一攤不管平日假日都座無虛席的黑輪攤。這攤黑輪也算小有歷史，是間30年的老店，本來賣黑輪的是爸爸，所以當地人都管這間黑輪攤叫「黑輪伯」，由二代大兒子和小兒子接手後，開了兩間黑輪攤，不過因為「黑輪伯」這個名字居然已經被其他同行註冊了，所以只好改用大兒子的小名做為新的店名，改叫

「阿華黑輪」。

其實不管叫什麼名字，我相信喜歡這攤黑輪的人根本就不在乎，因為他們家的好滋味是無可取代的，不管店名叫什麼名字，饕客永遠只會認得他們家的美味，只會為了他們家攤上賣的黑輪而甘願在茫茫店海中找到它。

到底逢甲黑輪伯的厲害之處為何？首先當然是湯頭絕對棒，黑輪

尚好呷ㄟ底家!!

本店

🏠 台中市西屯區文華路29號店門前

🕐 16：00～01：00

分店

🏠 台中市西屯區逢甲路20巷47號（便當街後半段）

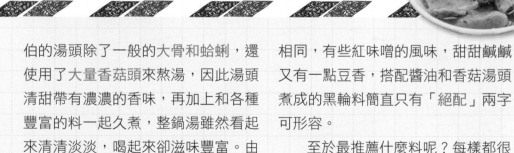

伯的湯頭除了一般的大骨和蛤蜊，還使用了大量香菇頭來熬湯，因此湯頭清甜帶有濃濃的香味，再加上和各種豐富的料一起久煮，整鍋湯雖然看起來清清淡淡，喝起來卻滋味豐富。由於他們家的湯頭可是下足了功夫，所以在這裡吃黑輪，不像其他黑輪店會把料和湯分開裝，而是端著一碗大碗公，料切好後就直接盛湯配著吃。

另外，這兒的沾醬同樣也是讓人難忘，吃起來和其他的黑輪店也不太相同，有些紅味噌的風味，甜甜鹹鹹又有一點豆香，搭配醬油和香菇湯頭煮成的黑輪料簡直只有「絕配」兩字可形容。

至於最推薦什麼料呢？每樣都很棒！不過最不可錯過的當然就是菜捲，還有吸飽湯汁的米血和豆皮也是讓人難以割捨。總之，如果哪天剛好想吃道不油不膩卻美味無比的小吃，不用多想了，逢甲的黑輪伯絕對是百分百的最佳選擇。

彰化縣
伸港鄉

伸港鄉的超級海味
老三蚵炸

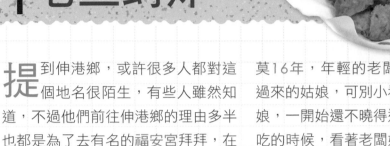

提到伸港鄉，或許很多人都對這個地名很陌生，有些人雖然知道，不過他們前往伸港鄉的理由多半也都是為了去有名的福安宮拜拜，在大多數人的眼中，伸港鄉大概就只是彰濱工業區行經的鄉鎮市而已。

但在一趟旅行中，我卻在這個名氣不響亮的鄉鎮中挖到了一間超厲害的蚵炸店——老三蚵炸。老三蚵炸是當地的知名小吃店，開店至今約

莫16年，年輕的老闆娘是從彰化嫁過來的姑娘，可別小看這年輕的老闆娘，一開始還不曉得這間蚵炸好不好吃的時候，看著老闆娘工作時的神情和動作，就隱約猜得出這間店的味道的龜毛程度，也嗅出了這間店的名店氣質。

吃過這麼多間炸物店，真的很少看到像這樣乾淨整潔講究製作流程的炸物店，老闆娘每天都會換乾淨

尚好呷ㄟ底家‼

的油，而且即便客人已經站在店裡等著了，老闆娘依然會等油夠熱才開始炸，對於工作有著相當的堅持。

這裡最推薦的莫過於炸蚵嗲，雖然這不是我吃過最多料的蚵嗲，但卻常莫名想起它的滋味，這蚵嗲乍看沒有什麼祕密，包的只有韭菜和新鮮的蚵，但原來它讓人難忘的祕密在於麵衣，這裡的麵衣都是用黃豆加上米磨成漿做成的，難怪和一般的炸物有股不太一樣的香味；除了蚵嗲和花枝嗲外，他們的甜米糕也很有古早味，非常好吃，微微的甜經過裹粉油炸後香香的讓人百吃不厭，完全不會有吃太多炸物或甜點後容易生膩的感覺，不油不膩就是這攤炸物最不平凡的滋味。

酥炸的無敵美味！

陳俊勳 0937-295235

AM 09:30~PM 07:00（週一公休）

老三蚵仔炸

彰化縣伸港鄉海尾村濱二路46號
美味預約專線：04-7993537

🏠 彰化縣伸港鄉濱二路46號

📞 (04) 799-3537

🕐 09：30～19：00（星期一公休）

彰化縣彰化市

小吃店兼景點

彰化阿璋肉圓

彰化肉圓有名的店家到處都有，每間名店都真的很有自己的特色，所以要找到一間「最好吃」的店真的很難，畢竟各家彰化肉圓的好吃方式和特色實在五花八門，很難評斷出「之最」，像北門口的脆皮肉圓、肉圓生、肉圓詹、肉圓火、八卦山下的老肉圓店……每家都各有千秋，要說還真不是一口氣說得完的──所以，我在這邊就介紹一家「最多功能」的肉圓店好了。

彰化阿璋肉圓的是彰化的老店，九把刀電影裡頭也提到這裡是他兒時記憶中的美味，證明了這間老店的年資頗深。這間店開於民國37年，第一代老闆並非彰化市人而是鹿港人，阿璋肉圓老闆的父親早期就擔著扁擔賣肉圓，於是他很小就習得父親真傳；等到他稍微大了些，由於當時彰化賣肉圓的人不多，所以阿璋肉圓的老闆就選擇來到彰化開店，一賣就賣到現在，店面也越展越大，每次來到阿璋肉圓，我都不禁佩服他們那橫跨同條巷子中好幾間房子的超級店面。

尚好呷ㄟ底家!!

彰化縣彰化市長安街144號

(04) 722-9517

09：30～23：00

　　很多人都不知道，台灣肉圓其實有很多細微的差別，除了顯而易見的內餡差異外，地瓜粉、在來米粉或糯米粉比例上的差異、炸肉圓的油溫的差別、先蒸後炸或是直接裹粉就下鍋油炸到熟的差別……這些差別其實都是各家肉圓的特色，也是難以評斷哪家最好吃的原因。阿璋肉圓的作法是在油鍋裡半油半水採低溫油炸的方式，低溫油炸的阿璋肉圓不同於北門口肉圓的外皮酥脆，而是屬於皮厚Ｑ彈的口感，配上內餡包著的超大朵香菇，更讓人覺得一顆30元實在物超所值。

　　至於前面提到的「多功能」到底是指什麼呢？其實前面就有暗示到了，阿璋肉圓曾為九把刀知名電影《那些年，我們一起追的女孩》的場景，大家到這裡除了吃肉圓，還有不少人是抱著朝聖的心態前來這裡追尋電影裡的蛛絲馬跡，而店裡也有電影角色的人型立牌提供訪客照相留念。

　　吃得飽足、玩得滿足後，這裡的肉圓還可以一盒一盒外帶回家，不管是蒸、煎、炸都很美味。下次來到彰化，不妨就從彰化火車站為中心，安排一趟肉圓收集之旅吧，相信一定會非常精彩。

彰化縣
彰化市

彰化獨味
古月館糯米炸

糯米料理在以米食為主的台灣有著非常多精彩的傳統小吃,有些全台灣都吃得到,比如「麻糬」;有些則只有某個鄉鎮市才買得到,就像現在要介紹的彰化獨味——糯米炸。糯米炸顧名思義就是將糯米混合水,下油鍋炸得膨脹,起鍋後裹上花生粉,是道看起來簡單但也非常迷人的小吃。

為什麼我會說「看起來簡單」呢?其實是來自於我自身的慘痛經驗。先前吃過一次後,對這味道一直念念難忘,由於印象中作法好像頗簡單,應該自己在家做也沒問題,於是就跑到便利商店買了糯米粉加水做成糯米團下去炸,最後再裹上花生粉和糖粉,做出外型極度相似的完成品;不過即便外型神似,但吃起來硬是不同,和彰化這間30多年老攤子的口味完全碰不上邊,一問之下才知道,原

尚好呷ㄟ底家!!

來他們連糯米都是自家磨的,由於糯米炸這種簡單的小吃更需要糯米本身散發的米香,所以自己去超商買的現成糯米粉,做出來的成品怎麼樣都不可能和老攤子的味道相同。

聽完上述的描述,或許會有人以為糯米炸吃起來應該就像炸麻糬?其實不大一樣。炸麻糬咬下去的口感比較Q,而糯米炸則是外皮酥脆,咬下去略帶空心,口感別有一番滋味,加

上花生粉和糯米香氣的交相融合,很容易讓人一口接一口的吃個不停,一不小心就會發胖了。

彰化賣糯米炸的店家當然不只這一間,但就是覺得這老攤子的特別好吃,雖然老婆婆說:她沒什麼祕訣,就是古早味而已。但比較過後,老婆婆賣的糯米炸真的比較香喔!

簡單的古
早滋味!

🏠 彰化縣彰化市民生路101號

📞 0930-939272

🕐 11:00～21:00

彰化縣
彰化市

最愛伴手禮

彰化大元鹹麻糬

旅行了這麼多年，美食吃了不少，但這間在我旅行記憶最初的超強名店卻始終不變，直到現在，都仍是我送禮的第一選擇。還記得，當時在彰化姊妹淘帶路下第一次找到的這間店，當時還沒有這麼有名，要走進一條小巷再拐進一間廟，店竟然就藏在廟旁，一點也不起眼，它外表甚至不像一間店，說是小型工廠還比較符合眼前的景象，門口堆著大疊大疊的麻糬盒，裡中不停飄出炒鹹麻糬料的香味讓人口水直流，走進店舖還能看見好幾個阿姨正幫忙包著麻糬。

後來，因為大元鹹麻糬知名度大增，需求量與供應量都變大了，雖然仍是留在廟旁邊的舊址，但已改由機器包麻糬以保證快速衛生。還好風味依然。

現在它的知名度早已不可同日而語，逢年過節，若要買麻糬可得要

尚好呷ㄟ底家!!

最佳
伴手禮

 彰化市民生路129巷4號

(04) 722-5998

http://www.da-yuan.com.tw/

排上好長一段時間才買得到,每個人一進去都是大包小包的出來。不過大元鹹麻糬早期其實並不是做禮盒生意的,50年代的大元鹹麻糬是供應外燴商做宴客小點心,後來因為辦桌外燴產業漸漸式微,大元鹹麻糬只好另覓出路轉做禮盒生意,沒想到一做就一路長紅到現在。

大元鹹麻糬的商品完全沒有摻防腐劑,所以保存時間很短,如果有幸拿到可要早早品嚐。雖然現在做鹹麻糬的店家也逐漸多了起來,但大元鹹麻糬依然是我心中無可取代的最佳滋味,不管送禮或自用,大元鹹麻糬都是最受歡迎的絕佳伴手禮。

祝福滿滿的傳統小點心
黃梅狀元糕

彰化這間狀元糕小攤，一看就會讓人忍不住停下腳步。雖然它並不像一般小吃名店那樣大排長龍，但整個小攤車就散發著一股懷舊的老店氛圍，讓人忍不住佇足購買。

什麼是狀元糕呢？也許有些都市人連看都沒看過呢！狀元糕最早的名稱叫做「筒仔粿」或「筒仔飯」，後來，在清朝時有個書生靠這個小點心賺取了入京應考的費用並因此考上了狀元，皇上聽說了這件事，又看這點心貌似狀元帽，於是就封這小點心名為「狀元糕」。

狀元糕這點心幾乎都得現點現做，彰化黃女士的狀元糕更是堅持這點原則；不過雖然要等待，但等候的過程卻不會無聊，看黃女士拿著那些有點年代感的狀元糕器具，熟練的將粉弄出一個凹槽，依客人指定的口味填點白糖、花生或芝麻，蒸一會兒後再拿掉小木筒，熱呼呼、冒著煙、白白的狀元糕就完成了。告訴大家一個

尚好呷ㄟ底家!!

小祕密,真正美味的狀元糕是放涼了更好吃。彰化這攤狀元糕老店就是這種厲害的狀元糕,一份九個,一口氣先品嚐幾個熱呼呼的狀元糕後,剩下的就放涼了再吃,這樣更可以吃出那與眾不同的,混和著米香、花生或芝麻的絕妙氣味,十分滿足。

和黃梅女士聊過她狀元糕的美味祕訣,她説,其實沒有什麼祕訣,只是用了自己親手磨製的蓬萊米粉、芝麻和花生粉;黃女士還説,狀元糕每攤用的粉都不太一樣,有人用蓬萊米、有人用在來米、也有人用糯米,她選擇用蓬萊米做為糕粉,因為細細品味時,可以嚐到一股清新淡雅的米香。這應該就是這攤老滋味不敗的祕密了。

 彰化縣彰化市東民街89號前

 13:00左右,賣完為止。
（通常休星期三）

溪湖羊肉一條街

彰化縣
溪湖鎮

阿枝羊肉 & 阿明羊肉

很多人誤以為溪湖產羊,所以同一條街上才會林立那麼多大大小小的羊肉料理店,就連果菜市場一帶也有很多間賣羊肉的店;其實,溪湖本身並非羊肉產地,這裡之所以會變成羊肉爐店的一級戰區,是因為溪湖這裡的店家都有著能減低羊騷味的特殊處理手法,各家全憑處理肉的本領而飄香溪湖,於是,一等一的羊肉料理店就在這裡蓬勃發展起來。

雖然這條街上的羊肉料理店大部分都很美味,不過溪湖有兩間老饕最愛的名店你一定要知道。

溪湖最大的羊肉爐店大概就屬阿枝羊肉了,超寬廣的店面,還自備超大停車場供遊客停車。第一回走訪阿枝羊肉時,彰化是個非假日的大熱天,但即使是如此,中午時段的阿枝羊肉一樣全店滿座,可見它的實力非同小可!

一進阿枝店門左手邊,就可以看見很多媽媽們一起在處理羊肉。溪湖的羊肉爐有好幾種口味,薑絲、中藥、全酒各有不同,而鍋內放著的主

阿枝
羊肉

尚好呷ㄟ底家!!

角——羊肉——也不像北台灣那樣是用帶骨肉塊，而是選用羊肉薄片，並有帶皮三層肉、瘦肉或其他部位等可供挑選。

阿枝羊肉爐的另一個特色是它的醬料，味道很特別，入座時店員就會直接在桌上擺上一大壺，所以不沾沾這特調的醬料好像還說不過去似的；另外，乾麵線也是來這裡必點的特色料理，超香超好吃，搭配羊肉片只能說絕配！

和阿枝比起來，另一間阿明羊肉爐則是在地老饕更喜愛的店家，在地人曾告訴我：「阿枝羊肉是觀光客比較喜歡吃的店。」疑？這句話是在暗諷「觀光客喜歡去的店通常都是當冤大頭」的意思嗎？其實這句話完全不

是那個意思！同時吃過阿明和阿枝後就會知道，兩家雖然都很好吃，但依我長期在台北生活養成的味覺去吃阿枝，會覺得味道非常香而且口味適中，相較之下，阿明的鍋底、肉和消費方式雖然都和阿枝差不多（這排羊肉爐店應該都大致是如此），但阿明的口味明顯比較重、也偏甜，當然，還是非常好吃，這點完全不用懷疑！所以我想，在地人說的那句「觀光客的店」，意思並不是貶，只是單純想表達兩家店口味上些許的不同吧？

阿明也一樣有薑絲、中藥和全酒鍋三種鍋底，也一樣是涮羊肉片，但感覺上阿明給的料份量稍微多一些。阿明也有一壺特調的豆瓣醬，但口味比起阿枝來的甜和辣，而同樣是必點

117

尚好呷ㄟ底家!!

阿明羊肉

的麻油乾麵線,雖然看似簡單,但吃起來就是和阿枝的不一樣,唯一一樣的是同樣又香又美味。果然,這羊肉一條街上的名店都有各自的絕活。

總之,來到溪湖,無論如何一定要記得來嚐嚐這裡的羊肉爐,每間店都有相同和不同的特色,不論你選擇的是哪一間,好好體驗過溪湖最著名的羊肉爐後,你對溪湖的印象必定會大大加分。

阿枝羊肉

🏠 彰化縣溪湖鎮西溪里忠溪路226號

📞 (04) 881-5372

🕐 10:00～23:00

阿明羊肉

🏠 彰化縣溪湖鎮員鹿路二段416號

📞 (04) 885-2707

🕐 09:30～12:00

簡單的鄉村味
謝媽媽排肉飯

🏠 南投縣埔里鎮中山路
二段、北環路交叉口

🕐 07：00～11：00
（賣完為止）

埔里的美食不少，最出名的都是些QQ的食物，但埔里也有很特別的早餐喔！像謝媽媽肉排飯這種大份量早餐，可是很多埔里在地人的最愛。

　　謝媽媽排肉飯是一台攤車，但每天都在同一個時間點，停在同一個地點賣排肉飯。這條街上早上店家不多、人潮也不多，但謝媽媽排肉飯即使沒有大大的招牌，每天不到七點就能看見她的藍色小貨車圍滿了人潮。這些客人真是最好的活招牌啊！

　　謝媽媽排肉飯賣的食物很簡單，只有排肉麵和排肉飯，均一價30元，加蛋多5元。排肉飯是最受歡迎的一味，內容物很簡單，就只有白飯、玉米、酸菜，白飯淋上肉汁，上面再放了一塊煎得嫩嫩香香的豬肉排，吃了立刻就有飽足感，果然很有鄉村早餐的風格。

　　拿零錢就能吃得飽足，這當然是這間早餐店最受歡迎的地方。據說有一陣子因為謝媽媽排肉飯的生意實在太好，紛紛有人仿效起謝媽媽，賣起類似的排肉飯；不過說也奇怪，這些跟風者的生意都不怎麼樣，而謝媽媽依然屹立不搖，數十年如一日，人潮滿滿。老店的實力果然不容小覷。

　　其實，謝媽媽排肉飯乍看之下用料雖然簡單，但仔細觀察，就能發現其中的用心之處，例如最簡單的白飯，她們用的可是木桶炊出的白飯，吃起來特別香Q，也難怪會成為當地人最喜愛的早餐了。

　　對了！建議吃的時候可以加點辣，加了特調辣椒醬的排肉飯吃起來更涮嘴唷。

**南投縣
埔里鎮**

排隊早餐
茶葉行香菇餅

　　這間在地人氣小吃，當地人稱為「茶葉行前的香菇餅」或「香菇餅」。其實這個小攤就是一間沒有名字的早點店，賣的東西就是幾種口味的煎餅、燒餅和豆漿、米漿，即便簡簡單單，一早仍會在巷子裡頭看見它排隊的人龍。

　　攤子上，料一盆一盆的擺在一旁現做現賣，靠近觀察，每盤料都閃閃發光，不管哪一種口味看起來都絕不馬虎，看得出是用心準備的內餡。口味共有包豬肉的蔥肉餡餅、香菇餅、紅豆餅、燒餅四種，每一種口味都很好吃。

　　這裡的煎餅長得很特別，不像其他的餡餅是鼓鼓的，反而是圓圓扁扁的。剛開始，我還真被這外觀騙了，以為料會很少，但沒想到就因為它長得圓圓扁扁的，反而讓入口的料和皮比例剛剛好，也不會吃起來滴得滿手

尚好呷ㄟ底家!!

南投縣埔里鎮北平街159號

07:00～11:30

都是。由於它是現桿現包，剛煎起來的皮非常好吃，不會有放久變軟的問題，還充滿鍋氣和麵粉交相激盪出的香味。

絕不能錯過的是招牌的香菇餅，香菇餅包的是炒過的冬粉和一朵香菇，是在別處很少見的餡餅，所以絕對值得你嘗鮮看看；另外，蔥肉餡餅又香又酥，蔥和豬肉都吃得出新鮮，即便是怕肥豬肉的女生也應該點來吃吃看，因為裡中幾乎沒有肥肉；而我個人最喜歡、也最難忘的口味是「紅豆餅」，吃起來也不甜不膩超級好吃，在嘴裡的那股香味可以讓人回味很久。其實，如果要我做個結論，那我會說：反正不貴，乾脆全部都買一個試試吧！吃過之後，包你下次去埔里，還會想再跟著當地人一起排隊買餅吃。

小心ㄆㄞ ㄊㄡ

南投縣 埔里鎮

老麵攤的記憶
胡國雄古早麵

現在去埔里，總可以看見胡國雄古早麵的店裡人聲鼎沸的模樣，足見其近百年歷史的份量。胡國雄麵館從日治時期開始就以肩挑麵擔的方式賣麵，中間經歷過民國3、40年的「腳踏車行動麵攤」時期，一直到現今，已然是裝潢的古色古香的店面，人們可以坐在長條木板凳上吃麵攤，想像著麵攤的過往，品嚐著麵攤在歷史中沉澱出的古早味。

百年老店的食物當然也維持著傳統的美味，因此才有這麼多人被吸引上門，想嚐嚐這老滋味到底有什麼樣的深度。現在的胡國雄麵館，切仔麵依舊遵照古法製作，使用手工製的黃麵，不添加肉燥，而是擺上一片里肌肉片——這是因為，在以前的農村社會，如果能吃碗麵就已經是件很了不起的事了，假如再加上「肉片」，那更是種奢侈的享

尚好呷ㄟ底家!!

受;因此古早時期的麵裡如果有加肉,吃麵的人往往都能感到幸福一整天,所以,即使現在我們已經過著衣食無虞的日子,吃麵攤也算不上是昂貴或奢侈的事,但這裡的切仔麵依然保留著記憶中的模樣,老一輩的人吃著念舊,年輕人則是一邊吃一邊體會前人過的日子,進而對自己現在所擁有的一切知足常樂。

除了切仔麵,這裡的粄條也很好吃,配上麵攤特製的醬料絕不會讓你失望。我去麵攤都會特別留意麵攤準備的醬料,看桌上的醬料幾乎就可以斷定這家麵攤是不是「夢幻麵攤」;胡國雄麵攤的醬料一點都不馬虎,吃起來超有古早味,滋味很棒喔!

🏠 南投縣埔里鎮仁愛路3號

📞 (049) 299-0586
   0923-272848

🕐 08:00～20:00

123

沒吃過肉圓，別說來過埔里
阿菊肉圓

**南投縣
埔里鎮**

位在埔里農會前的這攤阿菊肉圓，是肉圓狂熱者去埔里必吃的美食，全台灣的「肉圓重鎮」除了彰化外大概就是南投埔里了，肉圓店的密度之高，跟在台北的速食店數量大概不相上下。不過即使這邊的肉圓店這麼多，吃來吃去最合意的還是這間20年老店——阿菊肉圓。

說到南投埔里肉圓，有種外地少見的吃法：肉圓一上桌，會先把肉圓的外皮沾醬吃掉，再把內餡留下來加桌上的柴魚高湯吃——這是最地道的「南投肉圓三吃」。不過更有趣的是，有些當地人還會把肉圓整顆泡在高湯裡吃，或是整顆吃完後把剩下的米醬加上高湯吃。在這裡，吃肉圓顯然是件美味與趣味兼具的事。

阿菊肉圓的皮是用在來米粉加一定比例的番薯粉下去油炸的肉圓，由於每日都會換油，油也瀝得很乾，吃起來完全沒有油味；肉圓裡包的肉塊，因為有經過裹粉處理，口感特別

尚好呷ㄟ底家!!

🏠 南投縣埔里鎮西安路一段33號

📞 (049) 299-2111

🕐 11：30～18：00，賣完為止。

滑嫩鮮甜；至於一般肉圓裡常見的筍子，他們選用的是新鮮、吃起來脆脆的筍丁。

　　阿菊肉圓雖然也是用炸的，但吃起來不會讓人生膩，還有一股濃濃的豬油香，整顆肉圓不論醬、皮或內餡通通都是上上之選，也難怪阿菊肉圓雖然營業時間是早上十一點半到晚上六點，但有時候才剛傍晚就已經看見老闆娘在洗鍋子了，晚來的人可吃不到啊。

　　來這裡吃肉圓，也可以很享受地看著老闆一家人一起工作的模樣，有的人在裡頭拚命包肉圓，有的人在外場客氣的招待客人，即使忙碌，老闆娘還是會對來店的老顧客寒暄幾句；除了享受美味，這種親切的待客態度也是種名店特有的風味，也難怪阿菊肉圓雖然身在埔里這個肉圓的一級戰區，卻依舊有著不敗的地位。

陳誠攝 西螺大橋

雲嘉南
の在地美食

雲嘉南是充滿家鄉味的地方，因為這裡有最大幅員的稻田，是台灣人思鄉的根源。

不曉得是不是因為這裡生產很多在地農作的關係，雲嘉一帶也是全台灣吃小吃最省錢的城鄉，只要捏著百元鈔就能吃得飽飽，即便是一桌子好料甚至再加上甜點，結帳時的價格仍是讓人驚喜。除了價格實惠之外，雲嘉小吃幾乎都是以「餵飽田裡工作的人」為出發點而製作的，份量大，料多又實在，難怪當地人到外地工作後仍是會不時想起家鄉的味道，這都怪雲嘉的小吃店老闆們實在太貼心了，都有著母親的手藝和母親的心吶！

夾心餅包冰淇淋的古早味逸品

溝仔堤好涼冰店

雲林縣
虎尾鎮&
斗六市

　　記得小時候，義美有一款餅乾夾冰淇淋夾心的冰品，那是兒時最喜歡的夏日滋味之一；長大開始旅行後，位在雲林的「50年溝仔堤好涼冰店」再度喚醒了這讓人愉悅的兒時記憶，不只如此，這間溝仔堤冰店的冰更美味、滋味更不凡！因為第一代的老闆曾老爺爺曾經在糖廠工作過，所以對糖的特性與製冰的成份比例拿捏

的恰到好處，加上50年來他們對用料的堅持，使得溝仔堤冰店的冰品和飲料總是讓人吃完還想再吃。

　　包冰淇淋使用的夾心餅，老闆嚴選了嘉義團購名店「福義軒」的高鈣牛奶餅乾，冰淇淋則是堅持手工打漿，過程衛生嚴謹。牛奶口味是我的最愛，老闆特選無汙染的紐西蘭奶粉製作，難怪吃起來味道特別香濃，口

尚好呷ㄟ底家‼

最佳
伴手禮

感也是綿密軟Q；另外，店裡的花生和桂圓口味也也都是大受歡迎的經典口味，吃得出真材實料，濃濃的花生味和吃得到的桂圓顆粒，都讓溝仔垻的冰淇淋與眾不同。

每次路過虎尾或斗六都一定會特地繞過去買，兩間店面都樸實無華，僅靠著美味的冰和濃濃的古早味就風靡全台。隨著網購業務的發達，雖然特調飲品類還是只能在現場享受，不過如果是想吃溝仔垻好涼冰店的冰，只要動動手指上網訂購就可以宅配到家了，不需要大老遠跑去雲林就能品嚐到這美味，實在太幸福了吧！

虎尾店

🏠 雲林縣虎尾鎮光復路101號（台糖加油站旁）

📞 (05) 632-0253
0982-537211

🖨 (05) 636-4107

斗六店

🏠 雲林縣斗六市仁義路144號

📞 (05) 522-0223

🕐 09：00～21：00

雲林縣
土庫鎮

土庫名產
當歸鴨老店

　　不管是再怎麼外行的觀光客,只要來到土庫,一定都會馬上知道當歸鴨是土庫的名產,因為一走進土庫這條最熱鬧的街上,就一定會傳來陣陣當歸鴨香。

　　不過,雖然整條街上的當歸鴨店有好多,但總可以立刻辨識出這間土庫當歸鴨老店一定是當中的霸主,除了大老遠就能聞到它家傳來超香的味道外,光看店裡即使不是用餐時間人潮都仍舊絡繹不絕,就知道吃這間絕

對不會錯。

　　還沒吃過當歸鴨的時候,還以為它跟藥燉排骨一樣,湯頭都是黑黑的,但其實當歸鴨的湯頭沒有什麼特別的顏色,看起來還油油亮亮、晶瑩剔透,口味不重,但香味很濃。這間飄香一甲子的老店據說也沒什麼特別的祕方,只不過是用了最新鮮的鴨和當歸等藥材去熬煮湯頭,不另外添加香料;而麵線也是請雲林地區專門製作麵線的老店提供。沒有華麗的手

尚好呷ㄟ底家!!

🏠 雲林縣土庫鎮中山路157號

📞 (05) 662-1567

🕐 08：00～19：00

法和調味，靠的就是新鮮以及真材實料，奠定了它在當歸鴨街上最受人愛戴的地位。

來到當歸鴨老店，必點的當然就是當歸鴨麵線，除了這個，切盤清燙下水也是一定要的；賣得最好的鴨血糕是店家精心製作的，彈Q可口，不過由於每日限量供應，可是要夠幸運才吃得到喔。當歸鴨的主角，鴨肉，煮得不乾不柴，打破一般人對鴨肉太韌、得花力氣咀嚼的印象，這裡的鴨肉軟嫩鮮甜，沾上店家提供的古早味沾醬，風味絕佳。

下次來到土庫，如果不知道這家老店要怎麼走，別懷疑，聞香而至就不會錯！

北港獨特焦香味
煎盤粿

**雲林縣
北港鎮**

身為一個北港媳婦,外地來的朋友老是叫我推薦一些北港最獨特的小吃,每回被問到這個問題,腦中第一個浮現的通常都是「煎盤粿」;而每次回到北港老家,第一頓早餐也絕對是吃煎盤粿。它真是我心目中最能提醒自己「人在北港」的地方代表性小吃。

不過說來奇怪?北港比起其他鄉鎮市,那種「北港獨味」的小吃真的很多,就連比較普通、其他城鄉也都有的小吃,北港的同名小吃卻也硬是跟別處的不同。所以,北港絕對是深度旅行台灣時切不可錯過的小鎮,除了有香火鼎盛的朝天宮外,它的特色小吃也保證會讓你印象深刻。

話說回頭,北港第一味的小吃——煎盤粿——到底是什麼樣的小

吃呢？它名稱很平凡，作法也看似簡單，就是將傳統的蘿蔔糕用熱油煎到表皮香脆、粿體軟嫩後裝盤。這道「煎盤粿」最奧妙的點在於，它竟然突發奇想的，將蘿蔔糕和完全搭不上邊的各種腸子組合成一套，可自行選擇滷得香噴噴的大腸頭、大腸、小腸或香腸（早期還有米腸），最後再淋上特調的醬油和米醬，熱呼呼的一口吃下，焦香味與滷香味在醬汁的調和下，一致卻又各有特色，包準一吃上癮。

　　最推薦的吃法是再加上一顆半熟的荷包蛋，不但看起來更豪華、更美味外，沒熟的蛋黃一被戳破，流出的蛋液混合著特調醬汁沾在粿上，焦香的粿多了滑順的口感，讓人想到就忍不住流口水。而吃完粿後，也可以再用殘留的醬汁沖一碗柴魚高湯，一次把所有的好味道喝個精光。

　　現在北港剩下的幾間煎盤粿都是名店、老店，每一家都值得推薦，不過要特別注意的是，煎盤粿是北港人的早餐，所以通常是早上六點就開始賣，如果等到接近中午的時候才去吃，特好吃的滷大腸和大腸頭多半早早就賣光了。想吃到最完整、最美味的煎盤粿可就不能睡太晚喔！

金捷發煎盤粿

🏠 雲林縣北港鎮中山路80號（背對廟左邊）

📞 (05) 783-5108

🕐 06：00～11：30

陳家煎盤粿

🏠 雲林縣北港鎮大同路90號

📞 (05) 783-5495

🕐 07：00～10：00

市場煎盤粿

🏠 雲林縣北港鎮文治路、民享路交叉口，直走第一個小十字路口

🕐 06：00～11：30

無可取代的老冰店
北港鹹粽冰

雲林縣
北港鎮

其實北港的美食真的非常多，不管甜的、鹹的，只要腦筋一轉，馬上就可以想出很多別的城鎮吃不到的獨特美饌。

這間鹹粽冰也是北港獨味，是我每次回婆家時「待吃美食名單」上的常客。鹹粽是台灣的傳統節慶食物，平時也很常見，但我從來沒看過像這間店這樣的吃法：他們將自製鹹粽加上碎冰、花豆、綠豆和蜂蜜搭配著食用，口味特別，卻意外受到北港當地人和進香遊客的歡迎，一賣就是40幾年，除了下雨和冬天沒開外，其餘時間在北港都可以找到這攤掛滿鹹粽的推車。

我愛吃這家的鹹粽冰，而吃著吃著，更發現它的鹹粽本身其實非常好吃，一次問了老闆，才知道，原來老闆夫婦是用純糯米下去製作的，要包出好吃的鹹粽，糯米、鹼等比例都要

尚好呷ㄟ底家！！

 雲林縣北港鎮中正路83號
（騎樓下）

 (05) 782-3099
0935-760618

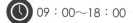 09：00～18：00

恰當，還得煮上8個小時才能入味，這攤的鹹粽真是極品！難怪每次去吃冰時，都可以看見外地人來這邊買鹹粽，一買就是數十顆。

不過老闆也說，當初會研發鹹粽冰，就是因為覺得單純賣鹹粽實在太單調了，覺得加著料賣，比較能吸引客人，所以才特地用心製作了米苔目、綠豆或花豆等配料來讓鹹粽能有更多不一樣的吃法，而也因為他的巧心，才使得北港擁有了這獨步各鄉鎮的地方特產。

下次如果到北港，千萬不要錯過這攤別處吃不到的鹹粽冰，否則就真的太可惜了。

嘉義縣
新港鄉

大樹腳的古早味
阿欽伯粉圓

提到新港，就會想到阿欽伯粉圓。每到假日，就會看見大樹下排著長長人龍，大家都是為了要買粉圓，這儼然已成為近來遊客到新港必嚐的特色小吃之一。

阿欽伯從一支扁擔兩簍裝載粉圓開始販賣起，一直到如今在大樹下搭建起一個店面，一賣就是60多年。阿欽伯的粉圓之所以歷久不衰，是因為

阿欽伯賣的粉圓正是現在少見的純手工粉圓，手工粉圓製程費工，外觀比現在一般的珍珠要小顆，但吃起來卻沒有中心硬硬的部分，口感較佳。每次去阿欽伯買粉圓，都會看見在地人是一大袋一大袋的買，當地人通常都是買一整袋煮好的燒粉圓回家，然後再自行料理並與全家人分享。

這幾年，由於阿欽伯的子女不忍

尚好呷ㄟ底家!!

父親太過操勞，目前已經轉由第二代老闆接手經營，但聽說阿欽伯每天早上仍會來到大樹下視察，新鮮與品質是店裡最重要的堅持與精神，60多年來始終如一。而除了對品質的堅持，他們在數量的開發上也不讓人失望，雖然是延續超過一甲子的老店，但阿欽伯粉圓賣的品項卻很豐富，除了現在最熱門的粉圓加鮮乳，還能看見粉圓加咖啡這種特殊的口味；除了用喝的，粉圓變化的冰品也很受歡迎，賣得最好的是加了蜜煮豆類的傳統口味，至於我個人的推薦，則是加了愛玉的粉圓冰，愛玉和粉圓都QQ，雙倍口感雙倍好吃，搭配上這裡甜得恰到好處的糖水，非常消暑。

必嚐的純手工粉圓

🏠 嘉義縣新港鄉福德路108號

📞 (05) 374-5799

🕐 09：00～19：00

嘉義縣新港鄉

酸甜香的好滋味

奉天宮前鴨肉羹

來到新港奉天宮的人,向神明拜拜後,幾乎都還會來到這間店裡祭祭五臟廟。

這間鴨肉羹是新港最具代表性的美食,全台灣只要提到鴨肉羹,就必定會提到新港廟前的這家老攤子;而很多雲嘉人,大多也是以這間的口味做為衡量全台各地鴨肉羹口味道不道地的指標,這間小吃的地位可見一般,用「頂港有名聲,下港有出名」來形容絕不誇張。

從民國50年開始經營起,老闆說,本來一開始還有試賣過很多種小吃,肉粽、麵和一些小菜,但後來,當他賣起鴨肉羹後,因為他做的鴨肉羹非常受到新港人歡迎,於是老闆覺得這個可以做得起來,而這一做就是5、60年。老闆娘對於自家的鴨肉羹自信滿滿,她說,他們只做自己人也會吃的料理,自己也

尚好呷ㄟ底家!!

🏠 嘉義縣新港鄉中山路17號

📞 (05) 374-7950

🕐 08：00～18：00

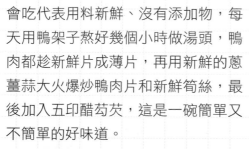

會吃代表用料新鮮、沒有添加物，每天用鴨架子熬好幾個小時做湯頭，鴨肉都趁新鮮片成薄片，再用新鮮的蔥薑蒜大火爆炒鴨肉片和新鮮筍絲，最後加入五印醋苃芡，這是一碗簡單又不簡單的好味道。

算起來，老店已經有60年的歷史，功夫也傳承到了第二代，不過這兒賣的都還是老味道，獨門、絕無分號的鴨肉羹，只有在這裡才吃得到始終如一的老滋味。啊，不對，不是只有在這裡喔！現在連鴨肉羹都可以宅配了。現代人拜科技之賜也太有口福了，如果在家裡想念這個味道，又或者因為被生火而忍不住想一嚐這絕妙滋味，不妨就拿起電話訂購吧！

嘉義縣
民雄鄉

不再只有夜半微笑
微笑火雞肉飯

微笑火雞肉飯是一個傳說，尤其在它還只在凌晨兩點才開始營業的那段時期，很多人更把「半夜吃微笑火雞肉飯」視為一種熱血的行為；在數次的一日環島或幾趟瘋狂的旅行裡，我也都會特地安排一個「半夜到微笑火雞肉飯」的行程，用它為熱血的行徑錦上添花。

雖然是如此，但微笑火雞肉飯使人瘋狂的原因，絕非是它特殊的營業時間而已，畢竟，如果不怎麼美味，誰肯在半夜這種早該休息的時段特地跑去吃上一大碗火雞肉飯呢。換句話說，從它夜半排隊的傳說中，其實早已證明了微笑火雞肉飯的美味。不過近年，微笑火雞肉飯搬了家，搬到嘉義民雄，營業時間也從原本的半夜改為正常的時段，夜半微笑的傳說如今畫下了句點，成為曾經瘋狂過的老饕們所津津樂道的小故事，但白天的微笑依然人氣不減。

其實說到火雞肉飯這樣小吃，每個嘉義人應該都有自己心目中最喜愛的，不過在沿路都看得到火雞肉飯的

尚好呷ㄟ底家!!

嘉義地區,微笑火雞肉飯之所以能靠簡單的滋味佔有一席之地,或許是因為它們選用真正肉質鮮美的火雞肉,搭配上獨到醬汁,以「現點現切」的方式呈現最新鮮的口感。一般的火雞肉飯,不管是雞肉絲或是雞肉片,為了怕客人等待,都會先處理好並放進冰箱冷藏,等客人一點,就可以立刻夾了擺在淋醬的飯上;但微笑火雞肉飯不管會不會花更多時間,為了火雞肉的彈性和鮮美,絕不把煮好的火雞肉送進冷藏,堅持採取現點現切的方式。所以每次站在攤前等火雞肉飯,看見阿姨們大刀切著火雞肉,口水都要滴下來了。

來到這裡,推薦你點一碗「火雞腿半肥瘦肉片飯」,這是內行人才會點的超限量品,豪邁的淋上蒜末汁後,簡直可說是火雞肉飯的極品,每每吃到,心中都會漾起一種超幸福感;另外,店內的下水湯和粉肝也很受饕客歡迎。下次如果有機會到民雄吃微笑火雞肉飯,這幾道可要先用筆記抄下來,錯過可惜。

🏠 嘉義縣民雄鄉建國路二段56號

📞 (05) 221-3079

🕐 06：00～14：00

嘉義市

嘉義的人氣早點店
峰炸豬排

這間早餐店有很多個名字，有人叫它「峰炸豬排」，也有人叫它「新生早餐」，還有人稱它「香又濃」……其實很多私房名店都是這樣的，在地人喊它的名字除了喊它的特色，也喊一種歸屬感，有一種「祕密基地」的感覺。我雖然不住嘉義，但幸好我還知道這個祕密基地，感謝我有在地好友的帶路，否則就要錯過這間超厲害的早餐店了。

還沒走近這間早餐店，在遠處就可以看見招牌上大大寫著「峰炸豬排」，這是因為這間早餐店最自豪的，正是「峰炸」這種日本傳統炸法的豬排；將峰炸豬排加進蛋餅、包進饅頭、夾進漢堡，就成了這間早餐店的主打商品。這間店的豬排不但香，份量也超大，以峰炸漢堡來說，裡夾了兩層豬排肉，而且肉和肉中間夾的不是荷包蛋，是古早味的蔥蛋；再說到峰炸蛋餅，裡頭也不是只有包豬排，還有大量的蔬菜，大大的豬排加

尚好呷ㄟ底家!!

傳統峰炸
好滋味!

嘉義市長榮街252-1號

(05) 228-5477

06：00～11：30（每週第
二、第四個星期天公休）

上滿滿的配料，吃起來口感十足、香氣四溢。

物美價廉的好味道，使得這間隱身在小巷內的早餐店生意非常好，成功收服了挑嘴嘉義人的胃；雖然僅有嘉義當地人知道這家店，但每到假日店前都大排長龍，根本還輪不到外地人來捧場就已經人滿為患。

還有還有，這間早餐店特別的商品可不只是峰炸系列喔！雖然店裡的每一樣品項都值得吃看看，但其中最值得一提的商品，則是跟它另一個店名「香又濃」有關──其實這香又濃是店內另一項主打商品的形容詞，指的是「紅豆漿」和「黑豆漿」。紅豆漿是桂圓和紅棗製成的豆漿，喝的時候還能喝到桂圓塊，足見作料實在；而黑豆漿則是用黑豆製成的豆漿，自有一股特殊的香氣。這兩款豆漿能被用「香又濃」來形容，甚至被當成另一個店名，就知道那濃、醇、香的滋味絕對不是蓋的。

全台最夢幻的麻糬
麻糬棟

麻糬棟第一代傳人姓林名棟,本來連間店都沒有,而是跟大多數賣麻糬的人一樣,推著攤車沿街四處叫賣;由於不少人吃了他賣的麻糬後覺得實在好吃、料多味美,不久就成了常客,開始喊他和他的麻糬攤叫麻糬棟。而這攤料多味美的小攤車,在過了70多年後,如今已擁有一個店面,就在嘉義朴子的第一市場裡。

麻糬棟真的算得上是全台最吸睛的麻糬了!為什麼呢?麻糬棟的特別之處,在於它不像一般甜麻糬總是捏得小小的,他們家的豆沙麻糬,尺寸大得跟菜包差不多,卻怎麼也吃不膩,是連吃兩顆後還會忍不住想再多吃一點的奇妙麻糬。

所有美味麻糬必備的口感,就是Q,麻糬棟甜麻糬的Q彈當然不用我再多費唇舌去形容,但麻糬要做到讓人吃不膩,那就有點難度了。老闆

尚好呷ㄟ底家!!

説，想要不膩口，製作的時候是有訣竅的：製作麻糬前，要將糯米浸泡2小時，經過研磨、脫水後打成漿狀，蒸熟後再槌打均勻，待麻糬皮冷卻後才可以包進綠豆餡；而重點就在於內餡裡的祕密武器──「鹽」！加鹽是有道理的，因為糯米是容易造成胃脹氣的食物，但如果加了鹽，就可以避免脹氣；同時，甜甜的綠豆沙加點鹽，除了比較不會膩口外，也可以讓味道更有層次。是不是很聰明呢？

除了必吃的紫米外皮綠豆沙麻糬和古早味綠豆沙麻糬外，麻糬棟賣的剉冰、菜燕、涼糕和各式各樣的糯米糕點也都非常好吃，有濃濃的古早味，也都是真材實料的頂級甜點。每次只要來到嘉義，我都會專程去一趟朴子，買上幾樣麻糬棟的甜點，用美味的甜點幫自己添點好心情。

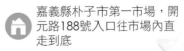

🏠 嘉義縣朴子市第一市場，開元路188號入口往市場內直走到底

📞 (05) 379-3851
0932-394776

🕐 08：00～22：00

嘉義縣
東石鄉

平民海珍味
修吳氏蚵捲

在你心目中，怎樣的條件才能稱為「好吃的蚵仔煎」呢？

這種簡單的平民小吃，相信每個人都有自己喜好的標準，有些人喜歡煎到焦香脆、有些人偏愛料多軟Q、有些人特愛醬料偏甜有味噌香、有些人則喜愛豆瓣醬那樣微辣的口味。

在東石這個蚵的故鄉，家家戶戶的門口與路旁到處都是蚵殼，望眼所見四處都是養殖場，可以想像得到，這裡也一定有許多厲害的蚵仔煎店。修吳氏蚵捲正是其中之一，是一間能

符合大多數人對於「好吃的蚵仔煎」期待的店；雖然它不是位處鬧區，店面半露天，桌椅環境也都簡單樸實不華麗，但專程為它遠道而來的客人卻是絡繹不絕。

修吳氏的蚵仔煎具備了大多數的「好吃」的條件：外皮煎得焦香脆、粉的部分吃起來超軟Q、主角的鮮蚵特別肥美、料多、醬料獨特，上頭甚至還灑了薄薄一層的花生粉，一份才50元的價格卻又很大一盤——好吃、味香、價格便宜，雖然只是一份簡單

尚好呷ㄟ底家！！

🏠 嘉義縣東石鄉東石村4-5號
（在十字路口上）

📞 (05) 373-2852

🕐 10：00～19：00
（星期三下午公休）

的蚵仔煎，卻是味道豐富、口感有層次，完美的具備了所有頂尖的條件。

如果它只是蚵仔煎美味，那也就罷了，這間小店更厲害的是「無雷」！

由於海產新鮮且料理得宜，所有的小菜和湯都是經典，在這邊隨便你怎麼點，沒有一樣會讓你失望。如果因此反而讓你不知道該怎麼下手，那不妨就來一碗必點的蚵仔湯吧，雖然沒有特別的調味或料理，但卻因此呈現出海產的原味，湯鮮味美；更誇張的是，這樣一碗才40元的湯，蚵仔居然還比湯多，不點實在對不起自己。

另外，這裡的蚵捲和蝦捲不輸府城名店，料多實在，炸得外酥內嫩的，只要沾點椒鹽就很好吃。最後，這家店的特色菜「綜合沙拉」也絕不能錯過，一盤只要100元的價格，卻有日本料理或高級餐廳的排盤和口味，這或許就是位處產地的優勢吧！

如果你愛蚵仔煎，到東石來，可千千萬萬別落了這家店，相信只要吃上一口，一定能讓你滿足而難忘。

台南縣
東山鄉

幻之味
東山籃記鴨頭

來到台南東山，就一定要吃吃東山鴨頭。

每次有機會經過東山，都一定會特意繞去籃記東山鴨頭，去的路上還要先給自己一點心裡建設：「都大老遠來了，等一下不管排隊的人再多，還是耐著性子等吧。」

你可別以為我是在誇大其辭，因為每次到籃記鴨頭，沒有一次不是大排長龍的。最誇張一次是過年期間的造訪，有個路人因為怕排得久，排隊前先數起了人數，數著數著，點到我的時候剛好是第117人！天啊，有沒有這麼誇張，這家店是不是值得這麼瘋狂的去排隊呢？

對於我這個第117人來說，絕對是值得的啊！

籃記東山鴨頭創立於民國50年，至今也有60多年歷史。最早經營的品項是一般滷味，不過到了第二代傳人籃武雄先生於民國63年接手後，就開始專注於鴨頭的販售。籃武雄先生為

尚好呷ㄟ底家!!

最佳
伴手禮

了能讓滷汁進入鴨肉，每天早上都花3個多小時的時間浸滷食材，取出滷料後再油炸處理；別看東山鴨頭的油都黑黑的，其實它們每天都會更換新油，除了確保客人吃的新鮮外，也是為了替鴨頭增添美味。

不過來到籃記東山鴨頭，或許會有人感到好奇？印象中一般的東山鴨頭不是都有賣一些米血、鳥蛋、甜不辣等食材嗎？為什麼東山籃記的攤位上卻沒有呢？

其實，他們也是有賣唷！只不過老店特意把鴨頭的部分獨立出來販售，所以如果想吃甜不辣、鳥蛋、米血、或其他內臟類，離老店約兩百公尺處有一間「籃色鴨子」正是東山籃記的分店。不過除了這兩間之外，其他的東山鴨頭就都不是東山鴨頭的創始店囉！

本店

🏠 台南縣東山鄉東中村中興路11號

📞 (06) 680-2856

🕐 13：30〜17：30

🚗 台南縣東山鄉中興路東山鄉農會附近路邊（可停車）

籃色鴨子

🏠 台南縣東山鄉中興南路78號

📞 (06) 680-5856

🕐 平日　13：00〜17：30
　　假日　12：00〜17：30

超級限定

連得堂手工煎餅

連得堂煎餅是近來台南伴手禮的大熱門，它位於有300多年歷史的老巷──總爺街（現在的崇安街）裡，是一間已經傳承三代，三代都家喻戶曉的百年手工煎餅老店。台南人管他們叫「煎餅連」。

一直到現在，他們都仍是使用一部圓圓的煎餅機製作煎餅，保持著傳統的煎餅製程；也因為如此，他們的工時很長，雖然在團購網站上很夯，但想吃到卻至少要等上半年。如果你以為到現場買不就得了？那你就想得簡單啦！因為不管是什麼時候來，就算是一般日，即便不需要排隊，但每個人也只能買兩包，哪怕是地方官還是鄰居來通通都一樣，規定就是規定，嚴格限定「每人兩包」；但即使有這樣的規定，如果是假日來到連得堂，有時候就算排上老半天最後也只能排到一場空。

尚好呷ㄟ底家!!

最佳
伴手禮

🏠 台南市北區崇安街54號

📞 (06) 225-8429
(06) 228-6761

🕐 08：00～22：00

每日限購
兩包!

這麼難買，絕對不是店家故意找碴或是刻意製造話題，只是因為連得堂的煎餅就只能靠眼前這部老機器生產，所以想吃的人只好體諒一下，反正愈難買到的東西吃起來愈好吃嘛!

說到好吃，連得堂的煎餅還真不是普通的好吃，雖然味道非常單純，雞蛋口味是甜的、味噌口味是鹹的，但因為滴水不加，就算開封後擺上一陣子也不會軟掉，口感非常硬脆，愈嚼愈香；而且，即便他們家的餅製作過程麻煩且產量有限，但一包煎餅仍是只要零錢就能買得到，難怪不管是網路上還是店面前，都要排到天荒地老才能一「嚐」所願。既然到了台南，就來探訪一下這傳說中的煎餅吧!

頂級虱目魚 阿憨鹹粥

台南市 北區

到台南旅行的每一個人，通常都會為吃什麼好而煩惱不已，當然，不是因為找不到好吃的而煩惱，而是因為「太多好吃的」而苦惱不知道該先吃什麼。這種幸福得過份的煩惱，或許當你來到台南，你就可以享受得到。

不過，既然來到台南這個全台最大的虱目魚產地，即便好吃的很多，但不吃上一碗鹹粥可還真說過不去啊。

阿憨鹹粥的老闆是台大食品系畢業的高材生，因此對店內餐點的食材都有高人一等的要求，尤其阿憨鹹粥店裡的虱目魚，更是和跟當地的養殖漁農契作，因此每尾虱目魚都受到嚴格的品質把關。

阿憨鹹粥主打虱目魚肉的粥品，

尚好呷ㄟ底家!!

不管是肉粥或是魚肚粥,吃起來都非常鮮美,特別是這裡的油條並不會切開,而是長長一條的讓人沾著粥吃,這樣吃比起切成一塊一塊的油條更有台南味。另外,也可試試虱目魚腸,由於是產地直送,新鮮的魚腸沒有太大腥味,是店裡的搶手商品,晚來可就吃不到喔。

台南市北區公園南路169號

(06) 221-8699
0922-184819

06:10～22:00

台南市中西區

台南人的早餐
阿堂鹹粥

台南好吃的東西很多，好吃的鹹粥名店更是多到讓人不知道該選擇哪家好。除了先前提到的「阿憨鹹粥」外，當地最有人氣的就要數「阿堂鹹粥」了。

提起台南的鹹粥，沒有人會漏掉阿堂鹹粥。由於鹹粥是台南人的早餐之一，所以阿堂鹹粥也是從早上一直賣到中午，店裡賣的品項幾乎都是與虱目魚相關的料理，舉凡煎虱目魚、

清燙魚皮、虱目魚粥或虱目魚腸等。不過這樣說起來，他和台南其他間鹹粥老店又有什麼不同呢？他最有特色的就是它的「鹹粥」，別間鹹粥店主打的招牌大多是虱目魚粥，不過阿堂鹹粥卻不同，他們主打的鹹粥是「土魠魚肉」為底的鹹粥。

阿堂鹹粥是「頂港有名聲，下港有出名」的人氣名店，以料多味美著稱，雖然價格不算便宜，但一碗滿

尚好呷ㄟ底家‼

滿的都是料，有土魠魚肉、蚵仔和一些芹菜調味，另外再點上一盤油條搭配，在地的吃法、在地的美味、在地的大滿足！

　　阿堂鹹粥的煎虱目魚肚也很好吃，雖然因為客人太多，所以都會先煎起來等，上桌時多少有些冷了，但吃起來仍是脆脆香香的且完全沒刺，讓人一吃就停不了口。

🏠 台南市中西區西門路一段728號（小西門圓環旁）

🕐 05：00～12：00（售完為止）

不敗的伴手禮
克林食品店

台南市中西區

幾次經過克林食品店前，都看到外國人坐在店門口大口地吃著包子。克林食品店靠著包子在地深耕了60年，深受當地人的喜愛，而這老滋味的美妙，也同樣收買了外國人的心，相信吃過這包子的外國人應該都對台灣的美食印象大大加分。

相信很多人都跟我一樣，第一次來到克林食品行時，都看不出這間老店藏著這麼厲害的小吃，因為整間乍看之下就像間大雜貨行，怎麼樣也不會覺得這裡會是美食基地。說起它的外觀，就要回溯到民國41年，克林食品行成立之初是以異國貨源、進口物品為宗的食品進口商行，不過到了今天，雖然外觀依舊，但它卻以有「克林台包」之稱的「八寶肉包」在台南享有屹立不搖的地位。

「克林台包」到底包了什麼？是靠著什麼樣的配方才能如此誘人？其實說簡單也是很簡單，不過就是傳統的豬肉、蛋黃、香菇，沒什麼特別；不過憑著料多實在、內餡新鮮，還有從包子皮到餡料全手工製作的優勢

尚好呷ㄟ底家!!

最佳伴手禮

（當然還有不可或缺的「祖傳八寶祕方」），這簡單的滋味就成了使人趨之若鶩的美味肉包。

CP值超高的八寶肉包，一個只要25元，另外店裡還有販售紅豆包、芋頭包、松露養生包以及五種不同餡料的壽桃等，每種都不超過30元，不妨都試吃看看；另外，店內也有賣清蒸肉圓與蝦仁肉圓這一類的食品，其中最推薦的是「台灣水晶餃」系列商品，不管是香菇水晶餃還是蝦仁水晶餃都超級好吃！皮Q彈、內餡飽滿不膩口，可以一口接一口連吃好幾個。

告訴大家一個好消息，隨著店家費心研發了伴手禮業務後，克林台包現在已不再只有旅客和當地人吃得到了；只要打通電話在前一天中午前訂購，後一天就可以宅配送到家，禮盒包裝精美，盒內也貼心的附上說明書，讓你不用擔心烹調的問題而能吃得到當場食用的好滋味！

🏠 台南市中西區府前路一段218號（南門路交叉口、孔廟斜對面）

📞 (06) 222-2257

🖨 (06) 226-9300

🕐 08：00～22：30

想到高屏，就想到豔陽天，在這裡吃東西是一件爽快的事！因為這裡的人也跟太陽一樣，海派！

這裡的小吃份量是全台灣最豪邁的。每次走在高屏地區，豪放的大吃一頓後，我都會忍不住暗暗心想：這裡的天氣這麼熱，這樣狂吃應該也不容易變胖吧？！高雄、屏東的小吃實在是又大份又好吃，來到國境之南旅行的人們啊，看在太陽的面子上，放肆的享受南部小吃吧！我想，在這裡，「應該」也會因為天氣而有吃不胖的運氣。

高屏區
の在地美食

高雄市
甲仙區

百變的甲仙芋頭
徐財記芋粿

台灣有句俗諺：「中秋嘸吃甲仙芋，會找嘸頭路。」雖然沒吃過甲仙芋的人未必就真的找不到工作，但端看有這樣一句俗諺，就可以知道「甲仙芋頭」是多麼出名。

甲仙芋頭之所以有名，是因為甲仙出產的芋頭，多數都是芋頭中的極品——檳榔心山芋。這種芋頭的口感鬆軟、細緻綿密，且芋香特別濃郁，因此甲仙就靠這種檳榔心山芋打響了名號。

甲仙在八八風災後受災慘重，雖然街市已恢復生機，但可惜有些通往山區的道路仍未修復，生機是恢復了，商機則尚待努力。不過如果你實在懷念甲仙芋的滋味，其實也未必一定要走一趟甲仙，這裡大部分有名的芋頭特產，因為大多是可以外帶且風味不致改變的糕餅類或冰品，所以透過宅配等方式仍能一滿口腹之慾。

尚好呷乁底家!!

價目表	芋粿	菜頭粿	芋圓	烏梅湯 減糖	碗粿	脆筍湯	特製辣椒醬 罐
	(外帶)(現吃) 斤 份 60 40	(外帶)(現吃) 斤 份 60 40	(外帶)(現吃) 盒 份 50 40	(外帶)(現吃) 瓶 杯 100 20	份 40	份 30	150元

最佳伴手禮

🏠 高雄市甲仙區文化路78之2號

📞 (07) 675-1658

🕐 08：00～20：00

　　然而，若能親自到甲仙的名產店走走，則更能體會在地人的熱情，除了試吃是大大方方給整袋外，還會招待濃純香的芋冰！說真的，在台灣走跳那麼久，沒有幾個地方的芋冰能好吃得過甲仙，甲仙人竟拿這樣美味實在的芋冰免費招待客人，足見甲仙人有多麼熱情，當然，這也是因為他們以自己的名產而驕傲。

　　甲仙芋製成的名產每樣都很美味，但其中最想推薦給大家的，是甲仙大街上的徐財記芋粿。徐財記芋粿是一間30年老店，從一間小攤子賣芋粿賣到開了店面，資格老，材料當然也扎實；這裡的芋粿不像我們一般吃的那種芋粿巧，而是類似蘿蔔糕但又更扎實一點的口感，這是因為用料實在的緣故吧？總之，它吃起來比蘿蔔糕彈Q，每一口都可以吃得到芋頭碎，不管是加熱後直接沾醬食用，或拿來煮湯、或煎得焦香脆、或裹粉油炸……不管怎樣都超級好吃！一塊用料實在的芋頭粿就像個素顏美女一樣，怎麼打扮，都美。

重生的絕妙滋味
日光小林

高雄市大寮區

那場無情的八八風災，讓很多人終生難忘。一夜之間，小林村的悲劇震撼了全台的人們。但令人慶幸的是，多年後的現在，小林村克服了天災造成的傷害，靠著自己的力量以手工烘焙飄香而舉國聞名，光是這種重生的滋味，就想讓人嚐嚐它們每一種點心。

之所以會取名為「日光小林」，正是因為他們倚靠著「有陽光的地方就有希望」這樣的信念，重新站起，使用在地的食材和農作物做發想，設計出許許多多的產品。剛重建的時候，有許許多多知名的烘焙師傅和名人都特地來到小林村教授村民們製作、研發和販售的訣竅。而小林村的村民也一點都沒有辜負這些老師們的期望，藉由真材實料的在地食材與創意的發揮，把每一樣商品都發展出自身的特色，讓人吃過就難忘。

最受歡迎的產品，莫過於小林村使用寶來和桃源鄉獨特的陳年老梅製

作而成的老梅膏和老梅餅；另外，因應年節，媽媽工坊也會一起製作年節限定商品，像柴燒製作的甜年糕、肉粽，還有非常好吃的手工餅乾、瑞士捲以及精心熬製的果醬等，每一樣都是又有特色又好吃。有機會的話不妨上網訂購看看吧，雖然小林二村（永久屋）的位置比較山區，但現在網購非常便利，今天訂購，三天內即可貨到付款取貨，讓人和偏遠地區的美味沒有距離，做愛心、吃開心，一舉兩得多棒啊！大家快點來試試看陽光下「天助、人助、自助」的美妙重生滋味吧！

最佳伴手禮

🏠 高雄市大寮區忠義路1號

📞 (07) 677-5100

ℯ 可至露天拍賣或FB粉絲團尋找他們的身影

✉ sunlight.xiaolin@gmail.com

高雄市
楠梓區

最讓人羨慕的宵夜
楊寶寶蒸餃

高雄的楊寶寶蒸餃遠近馳名，雖然大高雄地區的美食是數不清的多，但說到楊寶寶，幾乎每個吃過的人都會豎起大姆指說聲讚。

楊寶寶是北平麵點專賣店，店裡除了主打的蒸餃外，鍋貼和捲餅也非常知名。楊寶寶的蒸餃手工桿皮，不管哪個口味的蒸餃都大顆又多汁，多汁皮卻不軟爛，是來店必點的招牌美食，每桌都至少有那麼一盤。

除了明星商品的蒸餃外，楊寶寶的鍋貼也皮脆肉鮮，咬下煎得酥脆燙口的皮後，肉汁傾瀉而出，光是想起來就忍不住嚥了幾口口水；還有，如果你喜歡牛肉捲餅，來到楊寶寶就千萬要點上一盤，它們的牛肉捲餅口感非常有層次，餅皮酥脆、牛肉片軟嫩、醬汁調味得剛剛好，吃完後唇齒留香、回味無窮。

尚好呷ㄟ底家!!

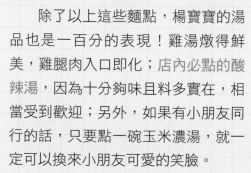

高雄市楠梓區朝明路106號

(07) 351-3322
(07) 351-6600

11：00～14：00
16：00～01：00

宵夜界
的NO.1

除了以上這些麵點,楊寶寶的湯品也是一百分的表現!雞湯燉得鮮美,雞腿肉入口即化;店內必點的酸辣湯,因為十分夠味且料多實在,相當受到歡迎;另外,如果有小朋友同行的話,只要點一碗玉米濃湯,就一定可以換來小朋友可愛的笑臉。

楊寶寶的料理不只好吃,而且價格便宜到讓人驚呼,營業時間又長,所以每天總是高朋滿座。真羨慕高雄楠梓的鄉親們,大半夜肚子餓了,可以不用隨便將就著吃,營業到凌晨一點的楊寶寶可說是讓人作夢也會笑的頂級宵夜。

高雄市
左營區

早起的鳥兒有早餐吃
寬來順早餐

這個標題，不是抽象的形容詞，而是到寬來順吃早餐時會看見的景象。寬來順早餐店是高雄左營當地著名的早餐店，它位在奇特建築果貿社區的市場旁，果貿社區是國宅，住的泰半是老榮民和他們的家眷，所以這裡臥虎藏龍有著很多名店；而寬來順也因為地處社區最外圍，不會有行車來往，所以早餐店的座位就索性設置在戶外，吃早餐時就像辦桌一樣人來人往的，成群的麻雀也會在桌邊等著撿食菜渣。這成了在寬來順吃早餐時非常特別的體驗。

寬來順算是一間中式早餐店，不過餐點選擇不少，連西式的三明治也有賣。一早就能看見店門口大排長龍的，跟著排隊，隨口問問一旁的在地人哪種特別好吃，每個人幾乎都有著自己的答案，有的人會說是燒餅油條、有些人則特別喜愛它的蛋餅和甜鹹酥餅、也有人認為這裡一顆8元的爆漿小肉包是必點首選、還有的人會

尚好呷ㄟ底家！！

選擇香噴噴的黑糖小饅頭。這裡的餐點幾乎沒有不好吃的，可以隨著心情亂點亂吃，每次都變換不同的口味也不錯。點完了主食，隨手再點個鹹漿加蛋或甜漿加蛋好了，濃醇好喝的味道，作為一天的開始真是元氣滿點！

寬來順的每個員工，都是親切可愛的阿姨、叔伯，雖然每次點餐都要大排長龍的等，但看見每個人都笑臉

盈盈的親切問候，煩躁的感覺早就被早安的朝氣所驅散了。在寬來順買早餐、吃早餐，最享受的附加價值就是為一天添了份人情味，也註定了一天的好心情。

🏠 高雄市左營區中華一路5-14號

📞 (07) 583-0408

🕐 05：00～12：00

高雄市
苓雅區

南高屏才吃得到的傳統甜點
白糖粿

中部以北的人大多都沒有聽過「白糖粿」這玩意兒。記得第一次聽見白糖粿時，還以為這是一種糖果，沒想到多年後，白糖粿以成了我最喜歡的炸糯米製品，跟彰化的糯米炸有異曲同工之妙。

賣白糖粿的攤子，每一攤有每一攤作法上的差異，炸好的白糖粿，有些長得像是扁扁長長的牛舌狀，有些則是做得像炸麻花的樣子；有的店家會把炸好的糯米條沾上糖，有些則會再加上一些花生粉，豪華一點的甚至還會灑些芝麻……作法雖然百百種，但有一樣卻是不變的——那就是吃起來熱熱、甜甜、軟Q的幸福滿足感。

這種簡單的小吃，在高屏一帶算是很常見的，連台南地區都有，只要是炸物的攤子大多都有賣，就像是台

尚好呷ㄟ底家!!

🏠 高雄市苓雅區自強三路、苓雅
二路交叉口

📞 0930-575111

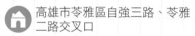

北的炸雙胞胎一樣普遍。不過這家位於高雄市苓雅區的陳老牌白糖粿，是高雄市知名度最高的老攤子，已經有50年歷史了。這攤的白糖粿是將糯米捏成牛舌狀下油鍋炸，口味有芝麻、花生粉兩款，因為每天換油，加上火侯掌握得很好，吃起來外酥內軟，幸福滿分！不過隨著物價飛漲，以前一個銅板就買得到的價位，現在也漲到了10幾元，但不管怎樣都是超便宜的頂級美食，用平民級的價格享受皇帝般的美味，怎麼算都划算！

下次來到南台灣，請盡情享受中台灣、北台灣所無法擁有的甜蜜白糖粿時光吧。

薪火相傳
大路關老麵店

台灣的地圖上，有很多地方總是只被經過，而不曾深度停留；雖然我已經在全台368鄉鎮市都確實地走過3回，但對於一些鄉鎮市的印象還是非常的淡薄。想加深對一個小鄉鎮的印象，美食，絕對是一個很不錯的方法。像「高樹鄉」就是因著這間老麵店，而讓我留下了美好的旅行記憶。

在高樹鄉這裡，還留存著一間依然使用燒柴煮麵的老麵店。如果是在家中，人少，要燒柴煮飯已經很不簡單了；但高樹鄉大路關老麵店卻是用燒柴的方式煮麵、賣麵，這樣的老麵店還真是特別到了極點！

這間老麵店是間特別念舊的麵店，創始於民國47年，是當年整個鄉里唯一的一間麵店，主要的客源是買賣香蕉的原住民；一代的老闆娘是現任老闆的姑婆，當初會堅持使用薪柴煮麵就是為了傳承一代老闆娘的古法。而今，雖然因為房東要把房子收回去而迫使大路關老麵店不得不搬家，但當時舊店所有還能使用的生財

尚好呷ㄟ底家!!

大路關老麵店

器具卻都全部留了下來，新店面的木料也盡可能使用來自村里的廢木料。

雖然，現在的新店面已經不像當年那般老舊和昏暗，但依然能深刻的感受到老闆夫婦的人情味，這裡沒有造作的仿舊，燒柴煮麵也不是一場華麗的秀，一進到這間麵店，就可以看見老闆時不時地彎腰添加柴火，彷彿這個世代本來就是這樣燒柴煮麵般的自然。聽老闆和老闆娘講講古、和每位客人聊天寒暄，是在大路關老麵店吃麵的一大享受。

這裡算是以客家族群為主的麵店，所以當然要點點看粄條這個客家主食，不過這裡的粄條是經過改良的版本，口味比較不像一般客家的粄條那麼重口味，但卻相對健康，也更符合大多數人的口味；小菜的部分特別推薦骨仔肉和手工豆干，骨仔肉配上老闆特製的辣椒後超級對味，而很多洞孔的手工豆干吸附了特別調製的醬油後真的非常美味。如果有機會到大路關老麵店走走，這幾道菜可千萬不要錯過喔！

🏠 屏東縣高樹鄉廣福村中正路1-1號

📞 (08) 795-7383

🕐 08：00～19：00（每週三公休）

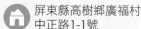

屏東縣
東港鎮

東港碳烤饅頭
佳吉飲料店

說到東港，大家的美食印象或許都只停留在海產店、雙糕潤、肉粿……疏不知，當地有間連在地人都為之瘋狂的早餐（宵夜）老店。行經東港幾次，每次都必吃這間北部所沒有的特色早餐（或宵夜），那就是東港的「佳吉飲料店」。

佳吉的外觀看起來，實在不像是間已經50年的在地老店，而且年資雖老，新菜色卻還真不少，連飲料也有別間少見的杏仁奶茶；不過最有特色的，莫過於他們的饅頭和吐司，因為這些可都是用木碳烤的！用木碳來燒烤，雖然費時又麻煩，但這可是他們家獨特美味背後的祕訣，用木碳烤出來的麵包不會過乾，而且還有股特別的香味，是在別處都吃不到的專屬滋味。

一走進佳吉飲料店，就可以看見工作檯上擺著幾個燒著紅紅木碳、

尚好呷ㄟ底家!!

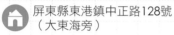

屏東縣東港鎮中正路128號
（大東海旁）

(08) 832-0371

05：00～10：00
20：00～02：30（售完為止）

架著鐵網的傳統碳爐，阿姨拿著剖半的饅頭或吐司，在碳爐上動作迅速的翻烤著，等待時傳來的陣陣烤香味，讓人忍不住又想多點一些。其中，最受歡迎的口味是甜的煉乳烤饅頭，光看阿姨邊翻烤邊大量加煉乳，口水簡直快流下來了；另外，鹹口味中最受歡迎的是豬排蛋饅頭，烤得微焦的饅頭塗上一層乳瑪琳，最後再夾上簡單的荷包蛋和灑上胡椒鹽的豬排，超級美味。

除了饅頭，也可以選擇烤土司，或一般早餐店難能一見的刈包；光看旁邊那鍋色澤美麗的肥肉，就可以想見這家刈包的美味了。

下次再到東港遊玩，不妨跳過那些常見的海產店、雙糕潤或肉粿吧，吃吃這間只有本地人才知道的碳烤饅頭老店，這才是最內行的吃法喔！

用琳瑯滿目的早餐為一天充滿元氣
咕咕咕早餐

**屏東縣
林邊鄉**

在早餐時間旅行到屏東林邊是一種幸福，這裡有著很多間超級厲害的早餐店，而我的目標，是這間「咕咕咕早餐」。

咕咕咕早餐店是林邊當地的人氣早餐店之一，一般早餐店的檯面上，可以直接帶走的品項大多是三明治、壽司或涼麵之類的，說來有些貧乏，這間咕咕咕早餐店可就不一樣了，整個檯面上擺著十數種早餐，而且很多是少見、甚至不曾見過的新潮餐點，光看就讓人十指大動。看著這樣琳琅滿目的早餐，選擇多，每一樣又可以抓著就走，對於當地人來說想必很方便，能節省不少時間吧！

話是這麼說，但是我這個外地人，卻是花上不少時間苦惱到底該選什麼好！為了不再傷腦筋，我一邊參考在地客人桌上的餐點，一邊也請老闆娘幫我推薦，最後選了炸肉排蔥捲餅、豬肉蛋餅、法式吐司夾肉排這三種人氣招牌。

天啊！每一種都好好吃，充滿了驚豔的感覺。炸肉排蔥捲餅包的是

尚好呷ㄟ底家!!

裹粉炸的薄排骨肉和一些生菜,有菜有肉,營養又美味;豬肉蛋餅則是配上另一種沒有裹粉炸的豬肉排,份量十足,滋味也有別於一般早餐店的蛋餅;最讓人愛不釋口的就是這法式吐司夾肉排了,沾上蛋汁煎的吐司,裡頭夾了味道豐厚的豬排,而且還淋上煉乳,甜甜鹹鹹的滋味超級特別,讓人不禁羨慕起林邊人居然有這麼好吃的早餐啊!

林邊鄉或許真的不是一個景點多或特色強的鄉鎮市,不過它的早餐時段,真的非常精彩;沒有到過林邊的朋友,不妨安排在早餐時段造訪林邊鄉吧,嚐過這裡幾間一級棒的早餐店後,相信你就會愛上這個你從不曾來過的小地方。

🏠 屏東縣林邊鄉美華路118-1號

🕐 05:30～12:00左右

在地人才知道的銷魂飯糰
無名阿婆飯糰

屏東縣
林邊鄉

某次環島，早上五點多時行經林邊鄉，由於肚子有些餓了，就跟著當地人吃了這家在地必嚐美食。據他們說，想吃這攤的飯糰，一定得趕在早上七點半前造訪，不然很快就賣光了；所以很多外地遊子回到林邊家鄉，雖然很想賴在家裡睡懶覺，但還是一定會起個大早，特意去買這間的飯糰。在地人誇張的形容，這顆飯糰很「銷魂」。

這間飯糰攤其實超不起眼，雖然位在市場旁的巷子裡，不算難找，但完全沒有招牌或價格的標示。小小的攤車上，只放著炊糯米的大木桶、一大盆酸菜、一大盆菜脯、一大袋肉鬆和一大袋油條，光看這檯面，就簡單說明了兩件事：1.這間店的生意一定很好，所以才備了這麼大量的包料；2.這飯糰就只有這幾種超級傳統的包料，完全和現在一堆飯糰名店的「創

尚好呷ㄟ底家!!

在地的隱藏美味！

屏東縣林邊鄉中林村中林路三巷20號

05：00左右開賣，售完為止
（通常於七點半前就會賣完）

意」風格大不相同。

　　不過真的光憑這四種餡料，就能讓飯糰如此「銷魂」？是的，這絕對是顆讓人念念難忘的「傳統飯糰」，即使它真的只包了酸菜、菜脯、肉鬆和油條這幾種最基本的飯糰餡，但整顆飯糰吃起來就是「恰到好處」。糯米煮得剛剛好，不會太硬也不會過於軟爛，放冷後依然口感十足；四種料，酸菜和菜脯，是精心準備而不是

買現成的，甜鹹度剛好且香味十足；肉鬆細又香、油條爽脆不油膩，整顆飯糰不管是料或是米，比例通通恰到好處，真的是傳統飯糰裡最難令人忘的一味，不枉當地人稱之為銷魂飯糰，也可以理解為什麼離鄉遊子會如此魂牽夢縈這一道家鄉味了。如果有機會清晨拜訪屏東林邊鄉，銷魂飯糰，不可不嚐。

台灣最南端的甜湯
綠豆蒜

屏東縣
恆春鎮

「綠豆蒜」這甜湯對於北部人來說應該有些陌生，這是特屬於屏東的甜滋味。

為什麼叫綠豆蒜呢？因為這甜湯的作法是將綠豆煮到脫，而綠豆脫殼後的樣子非常像蒜碎，因此而得名。在東部和南部，也曾看過有攤子寫著「綠豆算」，而這次介紹的幾家屏東名店，則刻意把「蒜」改成了「饌」，為的就是避免旅客混淆。

曾受到不少媒體採訪報導的「柯家綠豆饌」，吃起來，有一股濃濃的桂圓味，料很實在，口味確實不錯，值得一嚐。

除了柯家之外，恆春、車城一帶也有很多綠豆蒜名店，例如正黃家和老爺爺經營的恆春綠豆饌等，這些名店都各有特色，有機會的話都可以進去吃吃看，因為每間店雖然賣的都是綠豆蒜，加的也都是綠豆或米苔目等料，但因為火侯上的些微異同，口感上就會有很大的不同。每次來到台灣

恆春
綠豆饌

柯家
綠豆饌

尚好呷ㄟ底家!!

恆春綠豆饌

柯家綠豆饌

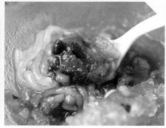

最南端,只要遇上綠豆蒜名店,不管冷熱,我都會來上一碗,一來在台北很少嚐到這樣的好滋味,總是想念的過頭;二來每家店的口味各有變化,每一次的嘗試都是美味的小冒險。

這邊要教大家一個小撇步,真正美味的綠豆蒜,講究口感濃稠,所以老饕級的吃法,是在吃綠豆蒜的時候不要把口水混進裡頭,要避免攪拌,也不能吃到一半就把湯匙插進綠豆蒜裡,這樣勾芡才不會出水,也才能保證從第一口到最後一口吃進嘴裡的,都是濃稠口感的綠豆蒜。

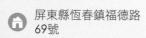

柯家綠豆饌

🏠 屏東縣恆春鎮福德路69號

📞 (08) 888-1585

恆春綠豆饌(阿伯綠豆饌)

🏠 屏東縣恆春鎮中山路111號

📞 (08) 889-8918
0937-328018

辣獅子頭包 $40
Spicy meatball package
ピリ辛ひき肉団子入り肉まん

培根香腸包 $35
Bacon Sausage Package
ベーコンとソーセージの肉まん

大肉包 $30
Big bun
お肉まるごと肉まん

洋蔥烤肉包 $40
Onion BBQ Package
タマネギと肉のバーベキュー肉まん

泡菜

國境之南的特色肉包
小杜包子

屏東縣
恆春鎮

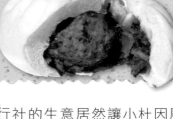

　國境之南的小杜包子，是追逐陽光、沙灘、海浪的帥哥辣妹們也會心甘情願排隊買的美味包子，而這包子名店背後也有一段感人的故事：

　　小杜包子老闆的父親也叫小杜，從小在眷村長大的小杜父子，一個賣包子養家、一個吃父親做的包子長大；後來父親過世，小杜也離開家鄉經營起旅行社，但過了一陣子，旅行社的生意居然讓小杜因壓力而病倒，病中的小杜非常懷念父親包子的幸福滋味，於是在大病一場後下定決心，要帶著妻小到國境之南的墾丁創業，找回父親手製作的、他總是想念的老味道。當然事情總不可能那麼順利，他經過多次失敗、不斷回想和嘗試後，才終於找出父親獨門的洋蔥烤肉包和蛋黃香菇肉包的配方，重現父親讓人懷

尚好呷ㄟ底家!!

🏠 屏東縣恆春鎮恆公路18號及20號

📞 (08) 889-9608、(08) 888-1328
0930-913930、0936-056266

🕐 08：00～19：30（全年無休）
（8～10點為準備時間，10點以
後才有剛出爐的包子）

最佳
伴手禮

念的味道，並開了間小杜包子店。

蛋黃香菇肉包是他們家的明星商品之一，吸附濃郁肉汁的包子內皮、鮮嫩不柴的肉餡、配上香菇的甘甜以及蛋黃的微鹹，多種美味完美的融合，在口中爆發出另一種全新的體驗。

不過即使已經大受歡迎，老闆卻開始不滿足於只有這兩種口味，於是便一再運用創意，發想出更多讓人意想不到的口味，創造出專屬於小杜的「包子印象」。現在最受歡迎的包子，有超級「牽絲」的起士包、吃得到整顆紅豆的紅豆麻糬包，另外還有獅子頭包、香腸包、泡菜肉絲包……每天都狂賣五百顆以上，以南台灣的物價來說，他們家的包子價格並不算太便宜，但小杜包子就是有辦法賣出人人稱羨的佳績，假日時，店前大排長龍的人潮和大包小包的購物景象，證明了小杜包子令人驚嘆的實力。

提醒一聲，下次如果想去小杜包子跟著眾人朝聖的話，請記得要先抽號碼牌喔！

宜花東是台灣熱門的觀光地區，不管是交通較便利的
宜蘭，有無敵美景的花蓮，還是風景與人文都饒富特色
的台東，都是台灣人最憧憬、外國旅人也絕不該錯過的
遊台城鄉；而在宜蘭、花蓮和台東，道地的美食也像
美景一樣，千萬不可錯過。

宜蘭的在地人氣甜點和小吃、花蓮的隱藏版名店、
台東的特色伴手禮……到東部旅行，記得去探訪一
下這些不輸美景的美食吧，看美景、吃美食，這才
是最享受的人生滋味啊！

宜花東
の在地美食

流傳百年、絕無分號
嘟好燒

宜蘭縣宜蘭市

緊臨宜蘭火車站天橋下的東門夜市，是臥虎藏龍的美食集散地。如果想一網打盡宜蘭美食，或第一次到宜蘭旅行，肯定要走一遭東門夜市，那裡有許多讓人印象深刻的小吃等著你。

東門夜市的美食非常好辨認，不管是假日還是平日，跟著排隊人潮大都能找到熱門名店。不過這裡要特別介紹一間百年小吃——「嘟好燒」。

很難想像，這個看來新潮的小點心竟然已流傳百年之久了，整個攤車上，都掛著關於嘟好燒的歷史：創始老闆用的攤車車牌、當年交易的老鈔票、早就停止發行的硬幣、嘟好燒的老歌謠……若說嘟好燒的餐車是行動博物館也一點都不為過。嘟好燒的小攤前雖然總是大排長龍，想吃美食總不免要等上一下，但邊排隊、邊看可愛的老闆講古其實也很享受，他總是笑臉迎人，即使講上千百遍，也能一再一再地講著關於嘟好燒的一切——嘟好燒是個被賦予故事的點心，這也是這百年歷史的小點心最讓人留戀的滋味吧！

曾經問過老闆，為什麼這老點心

尚好呷ㄟ底家!!

會取這樣一個超可愛、聽起來頗時髦的名稱呢？老闆說，其實他並不確定嘟好燒的名稱是怎麼來的，應該是因為它切得很迷你，剛好一口一個，而且又是炸的，所以老闆會邊賣邊喊著：「燒喔！燒喔！」，久了，客人便為這點心取了這可愛的名字，而老闆也以此名稱申請了專利，從此，嘟好燒就成為別無分號的宜蘭點心。

除了攤車上承載的老故事，老闆最自信的，是嘟好燒的好味，這好味是用他精挑細選的上好紅豆、芋頭、花豆製成的餡料，包裹在祕方麵團中。每次等待時，看老闆將麵糰搓成長條，再切成一小塊一小塊的下鍋油炸，撲鼻的香味，讓人不禁想起他那酥脆外皮和軟綿內餡交會出的多層次口感，口水都快忍不住滴下來啦。

到宜蘭，記得到東門夜市走走，空出點胃，試試這流傳了百年、絕無分號的小吃吧。

東門觀光夜市
百年老店
獨一無二
註冊商標
嘟好燒

🏠 宜蘭縣宜蘭市聖後街、和睦路交叉口
（東港橋下觀光夜市側門）

📞 0933-242981

🕐 15：30～22：30（雨天休，可電話確認）

難忘卻少有人知的宜蘭好味
燒粿角
宜蘭縣 宜蘭市

宜蘭的每個小角落，都有許多頂尖的小吃，也難怪我認識的所有宜蘭人，似乎都對家鄉「好山、好水、好食」而特別感到驕傲！不過這回，要特別介紹一種在宜蘭小吃中較少被提起，卻不可能被當地人遺忘的古早味——「燒粿角」。

提到「粿」，是以米食為主的台灣所少不了的一味地方小吃，幾乎所有的地區，都有屬於自己的粿，每個台灣人心中也一定都有最美味的粿；所以，雖然知道的人不多，但宜蘭也有只屬於宜蘭、只有在當地才吃得到的粿，它就叫「燒粿角」。

燒粿角，顧名思義就是把粿切成三角形下去油煎。比起其他地區的粿，燒粿角的粿身很厚，白白的粿體也沒有包入任何餡料或配料，我猜想，當初開發這道小吃的人肯定對於台灣純米香味相當有自信！

尚好呷ㄟ底家!!

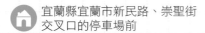
 宜蘭縣宜蘭市新民路、崇聖街
交叉口的停車場前

07：00～13：30左右
（不定休）

　　位於美食集散地新民路的這攤燒粿角，絕對是宜蘭最好吃的燒粿角！先不提它的滋味如何，光是看很多當地人圍著這沒有座位的小攤車，有的人就地站著、有的人直接坐在機車上就吃起燒粿角，魅力不言可喻，也難怪它單靠燒粿角一味就開業了15年。

　　私下偷偷問了老闆它好吃的祕訣到底是什麼？第二代老闆靦腆的笑著說：「燒粿角好吃沒有特別的祕訣，就只有用最好的台灣米磨漿吧！」我想，這點當然是絕對的關鍵！不過，看著老闆用熱油將好吃的粿身半煎半炸到表皮酥脆，再淋上特調的鹹甜蒜蓉醬油和粉紅色的甜辣醬，這肯定也是他們家燒粿角擁有迷人口感的原因。

　　如果到宜蘭慢遊，可別忘了走趟新民市場，感受一下當地庶民生活，品嚐一下當地最美味的燒粿角喔！

宜蘭新興觀光景點
黑店冰

在宜蘭這個擁有眾多美食的城鄉中，即使是好吃的冰店，也硬是比別人多上幾家，其中最有特色、在別的城鄉找不到的，我個人投黑店一票。

「『黑店』？為什麼這間冰店叫黑店？」每個來到這間店的人大概都會忍不住問上這麼一句，而店員也許是被這個問題問到不耐煩了，所以牆上的布告欄裡特別解釋了「黑店」店名的由來：原來，因為這間店始創的時候，店面小小的，沒有招牌，而且不管什麼時候店裡都只點著一盞燈泡，整間店看起來黑抹抹的，於是學生們就稱這間冰店叫「黑店」，久了就成了這間冰店的店名。

那黑店到底賣什麼冰呢？

黑店賣的應該算是⋯⋯中式的冰淇淋吧？它的口感既不像叭噗，也不那麼像冰淇淋，有些像是基隆廟口的綿綿冰但又有點不同，只有吃過了才會知道。口味有牛奶、花生、桂圓、鳳梨、花豆五種；而早期的熱門商品芋頭近來已經絕版，聽說是因為合作的芋頭農家不種了，老闆又找不到其他適合的也就乾脆不賣了。

尚好呷ㄟ底家!!

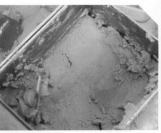

　　口味雖然只有五種，但也是令人難以抉擇，因為每一種都好吃，站在冰櫃前想了好久還是不知道這次應該選哪個口味。我最喜歡的是牛奶和鳳梨，牛奶聽說是用特別的祕方——「奶粉」下去製作的，第一口吃下，感覺頗清爽，不像市售的冰淇淋都是濃重膩人的奶油味，而是一股自然順口的奶香，隨著越吃越大口，味道也就越發香濃；鳳梨口味則是酸酸甜甜的古早味，每一口都可以吃到大塊大塊的鳳梨果肉，不只味道香，口感更是豐富。

　　除了牛奶和鳳梨，花生也是店內的人氣口味，特選花生並用大鍋翻炒，呈現出最香淳的花生香氣；而吃得到「顆粒」的桂圓和花豆也都是真材實料，各有死忠的擁護者。有機會的話，或許每一種都可以嚐嚐看，說不定你也說不出「最愛」的是哪一種，因為通通都好吃！

　　黑店冰，除了可以買小杯的現場吃之外，它也提供秤斤賣的大包裝，如果你沒有辦法馬上買回家，那就在店內直接請店家幫忙冷凍宅配吧，這樣一回到家，馬上就有美味的黑店冰可以享用了！是不是很棒啊！

本店

🏠 宜蘭縣宜蘭市神農路二段63號

📞 (03) 932-9382

🕐 每年3月～11月
11：00～22：00

分店

🏠 宜蘭縣宜蘭市擺厘路16號之1

美妙滋味不管哪天都正好

正好鮮肉小籠包

宜蘭縣
宜蘭市

正好小籠包是絕對無法被取代的宜蘭美食。

「正好鮮肉小籠包」這個名字可能比較少人知道，因為它本來的名字是「正常鮮肉小籠包」。改名的原因不是很清楚，不過只要好滋味依舊，叫什麼名字都無所謂吧。

正常鮮肉小籠包從成名到現在，約略20多年的光景，說老店，也不算上真正的老，但從十幾年前的沒沒無名、一籠只要60元的時代，到現在，它已經成為媒體和老饕們的寵兒，即便是平常日，想一飽口福大概也得等上三十分鐘，這還是比較幸運的狀況，如果是假日，有時甚至要等上兩個鐘頭！但即使如此，我還是常常為了這一味而特地從台北飛奔宜蘭。

為什麼它擁有那麼大的魅力呢？大概就是「單純」吧！老闆接受媒

190

尚好呷ㄟ底家!!

🏠 宜蘭縣宜蘭市泰山路25號之1（總店和分店味道有別，建議前往總店品嚐）

📞 (03) 932-5641

🕐 07：30～12：30
15：00～19：00

體採訪時是這麼說，而我在現場親眼所見的也是如此——現點、現桿、現包、現蒸。正好小籠包的內餡用了大量的宜蘭三星蔥和肥瘦比例適中的新鮮豬後腿肉，而且不管有多少客人在等待，一律都是點單後才放上蒸籠現蒸，這種「趁新鮮」的作法或許正是他好吃的關鍵。

點上一籠正好小籠包，放在桌上的不是豪華的蒸籠，而是貌不驚人的盛在塑膠盤中，趁熱入口，薄而不乾的包子皮、輕輕一咬就流出富含青蔥香的豬肉湯汁，一口就讓人魂牽夢縈，也難怪這樣一籠才70元的湯包卻老是被拿來和「台灣最知名、一籠近300元的湯包」相較了。而正好小籠包的盛名，也引得台灣不少同行偷偷地冒用了它的舊店名「正常湯包」，不過說真的，又有哪一家的滋味能和本店一模一樣。

對了，如果敢吃辣，哪怕只敢吃點小辣，都建議加點店家特製辣油，加上辣油後風味更棒，鮮味完全被提了出來，不吃可惜！

三星好蔥

羅家蔥捲餅&何家蔥餡餅

隨便找個路人問問，應該沒有人不知道全台灣最好的蔥在宜蘭三星，但你知道宜蘭的三星蔥還依照香氣、口感以及各種條件而分成好幾種品種和等級嗎？有黑葉仔、大憨仔、二憨仔、小憨仔等，而其中又以小憨仔和二憨仔為三星蔥中的頂級蔥種，吃起來的口感最柔嫩。

不過即便三星蔥分成這麼多的等級和品種，去三星，倒一點也不用擔心會買到不好吃的，隨便一間的蔥油餅都一定在水準之上，畢竟，這裡是三星蔥的故鄉嘛。不過既然介紹了三星蔥，當然也是要掏出幾家特別的口袋店家，好吃是一定的，而且他們的作法也和一般的蔥油餅不太相同，值得一試。

羅家二憨蔥捲餅的老闆超級熱情有趣，只要一提到蔥，眼神就會閃閃發亮，開始滔滔不絕的講起他的「蔥經」，有這麼懂蔥的人，當然也有最自信的蔥餅囉。羅家蔥捲餅和一般的蔥油餅不同，它是取頂級二憨蔥的蔥段來炒，再將炒好的蔥

羅家
蔥捲餅

何家
蔥餡餅

尚好呷ㄟ底家!!

羅家
蔥捲餅

段捲在餅皮中；頂級二憨蔥的氣味不嗆也不辣，可以吃得出蔥的香氣和蔥的清甜，非常適合怕嗆辣但卻喜歡蔥香味的人嘗試。

羅家蔥捲餅不只賣蔥，老闆攤上也賣著許多宜蘭三星的頂級農產品，例如老闆最推薦的水果玉米等作物，除了價格實在，老闆也非常古意，還會教客人要怎麼選蔥，要買那些蔥白

有泥土、還沒洗過的才比較能放。這些農作物都可以透過電話宅配訂購，來到這邊，除了吃香氣十足的二憨蔥捲餅，還能採購一些安心美味的農作物回家繼續回味。

要吃到三星蔥的好滋味，除了羅家蔥捲餅外，最推薦的就是何家的蔥餡餅了。

何家三星蔥餡餅只賣假日，每到

尚好呷ㄟ底家!!

何家
蔥餡餅

假日,攤車前一定會有一長列的人在排隊買餡餅。何家蔥餡餅的作法和古早味的蘿蔔絲餅很相似,將揉好的麵糰放在一邊,現點現做,將麵糰桿開後包進大量的三星蔥花,再下大煎鍋用半煎炸的方式製作而成。蔥餡餅一起鍋,趁熱吃,剛咬開酥香的餅皮,清甜的蔥香味就從餅裡散發出來,能這樣吃進滿口的三星蔥,真的是蔥蒜迷們最夢幻、最幸福的享受。

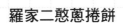

羅家二憨蔥捲餅

🏠 宜蘭縣三星鄉三星路八段5號

📞 (03) 989-5839
0935-482619

🕐 10:00～19:00

何家三星蔥餡餅

🏠 宜蘭縣三星鄉三星路八段2號

📞 0932-292584 (聯絡人:何添興、林梅香)

🕐 10:00～賣完為止 (只賣周六、日及國定假日,其餘公休)

逛逛林場吃肉羹
羅東林場**肉羹**

宜蘭縣
羅東鎮

🏠 宜蘭縣羅東鎮中正北路109號

📞 (03) 955-2736

🕐 08：00～18：00

　　來到羅東的遊客，除了羅東夜市，另一個必定會前往品嚐的在地美味就是「羅東林場肉羹」，它幾乎都快成為羅東的同義詞了。下次旅行的時候，不妨安排來這兒吃碗肉羹，順道還可以去附近的羅東林場走走，吃美食、賞景點，一舉兩得。

　　林場肉羹是宜蘭傳統的肉羹，是最在地的美食，開業至今已有50年左右的歷史。早期的林場肉羹，主要是做在地人和林場伐木工人的生意，因為伐木的工作很耗體力，所以當年林場肉羹的第一代創始人便嗅到了這股商機，在林場旁賣起肉羹，吸引工人在下工後就近補充體力；時移境遷，如今它已不再只是當地人和伐木工人的最愛，更是風迷全台老饕的宜蘭好味。

　　其實林場肉羹賣的東西很簡單，就是肉羹湯搭配麵、飯、米粉或粿條，憑的只是真材實料。宜蘭肉羹和一般肉羹的作法不同，直接用肉條裹地瓜粉揉捏，只裹上薄薄的漿，加上店家精選溫體的黑毛豬後腿肉製作，完全可以吃得出新鮮豬肉的甜香；羹湯則是用肉細熬而成的高湯，色澤比一般的肉羹更深，吃得出柴魚的香氣，雖然湯的口味稍重，但不膩口，再加點桌上的烏醋更能提出湯的鮮味。

　　林場肉羹加飯、麵、粿條、米粉都很棒，最棒的是這裡選用的米粉也是道地的宜蘭米粉，粗細、口感都與外地的不同，如果沒吃過宜蘭米粉的可以吃吃看。

宜蘭縣
冬山鄉

光用看的都消暑
冬山小可愛粉圓冰

粉圓可以算是台灣最具代表性的食材之一，不管做為主角或配角，都能替冰品或飲品增色不少。粉圓這食物還滿奧妙的，雖然有些地方的粉圓大小稍微有點不同、顏色或許會有些差異（例如特殊的白粉圓），但基本上所有的粉圓大概就是那個樣子，好像沒有什麼根本上的大差別。不過，即使這樣，粉圓卻會因為製程或煮法的不同，造成口感上很大的差異，一個小小的粉圓其中竟也有大學問，或許好吃的美食，就是這樣在小地方裡找出大不同吧。

既然說到好吃的粉圓，就不得不提起這家粉圓冰。這間位在宜蘭冬山鄉的小店，完全沒有招牌，長得非常不起眼，既不是老店、也沒有名人加持、本身也不是真正的冰店，很容易就會被人看漏了眼；店內賣的小吃種類不少，有臭豆腐、麵、湯，連剉冰都有賣。而就在這樣一家貌不驚人的小店裡，卻藏著「極品粉圓冰」！

一碗30元的粉圓冰一端上桌，還真的把我嚇了好大一跳，說「碗像臉

尚好呷乀底家！！

盆一樣大」根本不算誇飾，這個碗公的直徑約莫有三十公分大，裡頭裝著滿滿的粉圓冰，粉圓看來黑得發亮，是用糖水慢慢熬煮而成，ＱＱ甜甜的粉圓沒有硬硬的粉圓心，入口非常滑順咕溜；剉冰本身非常細緻，糖水甜而不膩，讓人越吃越順口，哪怕是這麼大一碗的粉圓冰要一個人吃完也絕對沒有問題。

噓！這間店現在還很冷門，千萬不要告訴太多人，以免下次去吃冰時要排隊就麻煩了。

🏠 宜蘭縣冬山鄉冬山村冬山路69號

📞 (03) 959-3904

🕐 07：00～17：30

宜蘭縣
南澳鄉

拜訪南澳大門
建華冰店

在一趟又一趟的環島旅行中，我發現到，那些對家鄉有使命、對土地有濃濃感情的小吃，往往都是當地最具代表性的美味，這兩者之間的關聯其實就是這麼直接，只有熱愛自己生長的家鄉，才能準確的抓住家鄉最美好的滋味，而感動人心的小吃也就是美味最原始的面貌。説到這，就讓想起了在南澳的「建華冰店」。

建華冰店至今已經有70幾年的歷史，它除了是冰店，同時也是南澳的旅客諮詢中心，因此很多旅客只要行經南澳或在前往花蓮的途中，都會在這裡做短暫停留；而這短暫的片刻，就讓建華冰店為南澳留下了許多旅人，使他們願意在當地做更深度的探訪。

建華冰店的製冰機是老闆娘父親留下的老製冰機，現在全台還留存著這種製冰技術店已經不多了，而且每

尚好呷ㄟ底家!!

來去 南澳

優良老店
南澳旅遊
諮詢中心
建華冰店

宜蘭縣南澳鄉蘇花路二段419號

(03) 998-1150

07：00～23：00

http://tw.myblog.yahoo.com/rca7488/

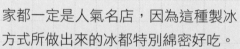

家都一定是人氣名店，因為這種製冰方式所做出來的冰都特別綿密好吃。

建華冰店最受歡迎的是一款名為「傳教士冰」的綜合冰，會叫這個名字，是因為古早時候建華冰店總是提供這款冰給來到南澳的傳教士充饑，使他們能有體力繼續在東部傳遞福音；時間過去了，但冰卻隨著這個動人故事而流傳下來，讓建華冰店染上了一味念舊的感動。

故事動人，傳教士冰本身當然也非常營養美味，在老製冰機製作的冰上，放著幾種精心準備的蜜豆料、硬花生，還有一球隨機口味的古早冰淇淋；最傳統的傳教士冰，還會放上一顆生雞蛋，因為這是傳教士的活力來源嘛；不過不吃生雞蛋的人也可以選擇不放，滋味一樣滿分，吃過的人都會對它念念不忘。一邊吃冰，一邊聽著故事，只要一想到這冰是當年傳教士支撐下去的動力，就會覺得自己吃了這冰也像是受到祝福似的，多了一份幸福感。

到南澳之前先到建華冰店吃碗冰，也順便感受一下這間冰店獨特的口味和讓人難忘的在地人情味吧。

花蓮人眼中的逸品級伴手禮
郭榮市火腿

花蓮縣
花蓮市

郭榮市火腿是台灣的「哈姆傳奇」。民國28年，郭境盛先生與其夫人在花蓮中山路開設郭榮市餅舖，生產台式訂婚喜餅、平西餅、中秋月餅及綠豆凸等漢餅類食品；後來，郭境盛先生向日本人習得做火腿的技術，並開始研發郭榮市火腿。在當時，郭榮市的火腿就已經是外籍傳教士及日籍人士指定購買的熱門商品，而郭榮市也成為花蓮的知名餅舖。

好景不常，老餅舖傳到第二代的時候，生意開始走下坡，最後不得不向景氣低頭，吹熄燈號。在那個時候，誰也想不到郭榮市之後會寫下絕處逢生的傳奇故事！在老店歇業的隔年，有位老主顧強烈要求他們繼續先前的火腿生意，當時，在中油工作的郭家兒子為此放下了手上的工作，向老父親學習製作柴燒火腿的技術；沒想到，這一做就做出了口碑，郭榮市的火腿非但成為花蓮最高級的伴手禮，一時間也成為全台最知名的老店。

尚好呷ㄟ底家!!

　　如今，薪火傳至第三代年輕人的手中，新的傳人將郭榮市這個品牌重新包裝，老店也有了新的裝潢和風貌，更在百貨公司設櫃販售，讓原本差點從歷史中消失的老店變身為今日火腿界的夢幻逸品。

　　現在的郭榮市火腿，依然堅持每日早上柴燒煙燻，選用花蓮無毒豬後腿肉，並用玫瑰岩鹽做鹹味；只要一

口，就吃得出它和一般市售火腿的巨大差異，雖然價格高了點，但自己吃是享受、送人吃是大方，喜愛它的人可從沒少過。

　　郭榮市創造的「哈姆傳奇」，不但讓台灣因此多了一份逸品級的伴手禮，更激勵人心，在台灣這塊土地上留下了一個動人的奮鬥故事。

最佳
伴手禮

花蓮縣花蓮市富國路41號

(03) 857-6765

(03) 857-0006

http://www.unclekuo.com

花蓮縣
花蓮市

小貨車上的美妙滋味
炸蛋蔥油餅

近年來，去花蓮旅行的人，應該都會安排一趟去復興街吃蔥油餅的行程。不曉得從什麼時候開始，這裡一整條街開滿了蔥油餅店，連街口門牌上都大大寫著「花蓮市不加蛋里蔥油餅街」，這真可說是花蓮的奇景之一。

不過到了這裡，想必不少外地客就開始頭大，因為琳瑯滿目的蔥油餅攤各個都標榜自己是正宗老店，所以

該吃哪間好呢？雖然對其他攤的老闆們很不好意思，但這條街上，我最推薦的是黃色小貨車的炸蛋蔥油餅。

老闆之所以用小貨車賣蔥油餅，是因為20多年前，老闆還是個開貨車送貨的司機；隨著年紀漸漸大了，怕送貨這個工作撐不了幾年，於是便無師自通的學習做蔥油餅，改裝貨車賣起自己研發的獨門滋味。老闆很謙虛的說，自己也沒想

尚好呷ㄟ底家!!

🏠 花蓮縣花蓮市復興街
102號

📞 0919-288590
0922-608798

🕐 13：00～19：00
（全年無休）

到自己賣的蔥油餅會大受歡迎，到後來，甚至成為這條街、乃至於花蓮地方的小吃特色之一。

花蓮炸蛋蔥油餅真的很特別，乍看之下，你一定會覺得他好像很油，但其實一點都不！只見老闆將現桿的麵皮直接丟進油鍋裡半煎炸，如果要加蛋，也是直接把蛋丟進油鍋裡炸至半生熟，拿到手趁熱一吃，非但不油膩，而且吃得出麵糰和蛋黃的香氣，滋味簡單也不簡單。當然，能炸到這樣不油不膩，講的可是老闆的真功夫，並不是每一攤都做得到的；也因此，雖然整條街都賣起蔥油餅，但識途老馬非黃色小貨車不吃，而攤子前的排隊人潮也很真實的反應出它的好吃程度。

對了！告訴你一個熟客才知道的小祕密，由於不管平日假日通常都要稍微排一下隊才買得到，但其實可以先打電話預約，再過去拿就可以了唷！

在花蓮享受豪華的中式早餐

怡味餐店

怡味早餐店也許算不上是能夠代表花蓮的名店，但它卻是間當地人氣很旺的中式早餐店，也是最讓人難忘的花蓮早餐。

怡味早餐店開業至今已經30多年，它最有名的就是將各種向外省師傅學到的麵點加以改良，把原本用蒸的麵點改以煎的方式烹調，這樣一改，就變成別處吃不到的特色美食，一賣就就成了在地老店。在店裡，常能看見老主顧和店員聊天，是間人情味很濃的早餐店。

店裡賣的早餐雖然說是中式，但品項其實也和一般的中式早餐店不太一樣，最有名的是煎包、肉包、燒賣、鍋貼、壽司，我個人則是最喜歡店裡賣的蛋餅。說到壽司，這裡的台式壽司是用木桶炊飯，香Q的米拌上比例剛好、酸酸甜甜的醋，並包上最傳統的料，是店內最受歡迎的一味；鍋貼也不錯，內餡除了常見的韭菜，還包入冬粉，讓鍋貼更有層次也更有飽足感；最特別則要屬燒賣，一般燒賣都是用蒸籠蒸，幾乎沒吃過這樣用

煎的燒賣，煎得焦焦香香的燒賣，內餡包有肉和一些蔬菜塊，味道鮮甜，不愧是怡味最讓人懷念的一道。

除了吃的，怡味餐店的飲品也不馬虎，和一般紅茶不同的古早味紅茶味道很香、奶茶的奶香濃醇、豆漿也是手工現煮的天然滋味，不管吃的、喝的都能看出店家的用心。

人在花蓮，如果想要吃頓美妙的早餐提振精神，怡味餐店是最好的選擇。

🏠 花蓮縣花蓮市南京街182號

📞 (03) 832-6998

🕐 05：00～12：00

廟前的24小時老店
鋼管紅茶
花蓮縣
花蓮市

花蓮是個不太有夜生活的地方，所以這間位於花蓮，卻24小時營業的50年老店還真的很奇妙。鋼管紅茶就位於廟口這個人潮聚集的三角窗，如果是開夜車從東部逆行環島，我都會先停在這裡休息，將這家店當做是旅行的第一站；一方面，是因為這種時間只有它還開著，另一方面，也是只有這種時段它的人潮才會少一點。

鋼管紅茶近年來早已成為花蓮必去的景點之一。向店裡望去，吧檯前大大的鋼管上還透著一陣白煙，管壁上冒著水珠，顯示這鋼管可不是裝飾品或噱頭；會一直散發白煙，正是因為鋼管分成內外兩層，內層是飲料輸送管，外層則是冷凝用途的冰水管，利用外層不斷循環的冰水來保持內層飲料的冰度，所以鋼管紅茶可以不必特別加冰塊就有冰紅茶可以飲用，而

尚好呷乀底家!!

花蓮縣花蓮市成功街216號（花蓮城隍廟斜對面）

(03) 832-3846

24小時

沒有加冰塊的紅茶便不會被稀釋，喝起來特別香濃甘甜。

大多數遊客衝著它是「鋼管直送」，都會好奇的點一杯由鋼管供應的飲料喝喝看，這裡共有三支鋼管，一支輸送的是杏仁茶、一支輸送的是紅茶、一支輸送的是烏梅汁，三種飲料喝起來都有濃濃古早味，和依然保持著老店原貌的店面交相映襯，具有無人能取代的特色。

到鋼管紅茶除了必點的飲料之外，櫥窗裡賣的古早味小點心也很推薦，尤其一般在麵包店賣的奶油小西點，在鋼管紅茶裡好像瞬間大了幾號，變成「大西點」，不但口味加分，吃起來也很過癮，所以每次到鋼管紅茶我都必買大西點，也推薦給大家。

魔力伴手禮
廣來肉干

花蓮縣 花蓮市

廣來牛肉干店是當地人才知道的地方人氣小店，老闆是從廣東跟著部隊來台的榮民阿伯，老伯現在已經86歲了，而這間店在這顆樹下也已有一甲子的歲月。很多住在附近的人們，童年的回憶裡，都有著這間老店；時光荏苒，現在的店面仍維持著當年老舊平房的模樣，左右推開的大門，會發出老舊的吱嘎聲響，連裝牛肉干、豬肉干的玻璃罐也都是絕版古品。在這裡，時光彷彿停止。

看著店外大量的木材，真的很難想像年紀老邁的老闆和老闆娘，怎麼還能維持著「柴燒」這種既麻煩又費力的作法；難怪當我說出想在書上介紹他們時，老闆娘非但沒有特別開心，竟然還說：「別寫！別寫！我們都這麼老了，做得那麼累，都想收掉了還寫什麼？」不過這麼有特色的店怎麼可以不介紹給大家呢？好不容易，取得了老闆的同意，而我想，這也算是為老店作個紀念吧。

這裡的豬肉角和冰箱裡的牛肉干是我心中的首選，至於敢吃辣的，千

尚好呷ㄟ底家!!

萬別錯過辣爆牛肉條,真的有讓人欲罷不能的魔力;這兒的豆干也有股特別的柴燒味,很耐嚼,愈嚼愈香,很適合當做聊嘴或是配酒的小菜;另外,也超級推薦這裡的辣椒醬,每次來我都會帶上幾罐,深怕下次來或許店就不在了。

廣來商店的這些食物,沒有華麗的禮盒或包裝,卻是可以打動人心的超強伴手禮;自從到過廣來後,真的很著迷於這種乍看普通,吃過卻難忘的魔幻滋味,很希望經營這間店的老爺爺、老奶奶能健康長壽,讓老店繼續飄香。

還沒來過的朋友,請把握到花蓮的機會,到廣來商店感受一下這股令人懷念的魔力滋味吧!

最佳伴手禮

🏠 花蓮縣花蓮市公園路29號
(花崗山大樹前)

📞 (03) 835-1725(老闆有重聽,鄉音也重,煩請多點耐心)

🕘 09：00～18：30

花蓮縣
花蓮市

不跟風的好味道
余記溫州大餛飩

花蓮有很多著名的扁食店，每家都很好吃，皮不爛、肉也很新鮮，但我最喜歡的一間是沒什麼遊客知道的「余記溫州大餛飩」。

餛飩？花蓮有名的不是扁食嗎？別懷疑，扁食、餛飩或雲吞說的都是同樣的食物，所以我要再清楚的說一次：我最喜歡的花蓮扁食店是「余記溫州大餛飩」。

余記溫州大餛飩之所以稱自己為餛飩，而沒有跟著花蓮大多數的名店一起稱為扁食，是因為老闆曾經在日本橫濱的中華料理館習藝5年，再由老闆的弟弟去台北師承真正的溫州大餛飩師傅；所以他們覺得，自己包的比一般扁食大顆飽滿，就該稱為「大餛飩」才對。

這裡的大餛飩皮薄餡多，每一口都有飽滿的鮮肉香，其中的肉餡大有學問，肉不能太肥，不然會過於

宜花東

尚好呷ㄟ底家!!

花蓮縣花蓮市中美路102號

(03) 833-4747

http://yourlife.886.idv.tw

最佳伴手禮

油膩;也不能太瘦,否則吃起來口感太乾。因此,道地的溫州餛飩,講究肉質鮮嫩,以頂級胛心肉調製而成,非常好吃!另一項人氣口味是鮮蝦餛飩,每顆餛飩都包有一隻鮮蝦,鮮美無比一定要試試看。

對了,這家余記溫州大餛飩的生餛飩是可以外帶的喔,假如你吃上了癮,下次就記得多買一些回家與家人享用,和親朋好友分享美食可是生活中最大的樂趣呢。

懷舊的鐵道月台便當

全美行

**台東縣
池上鄉**

說到便當，全台灣便當的一級戰區絕對就是池上這個稻米的故鄉，池上米可以說是美味便當的保證。

現在在池上的五、六間便當店，每家都是頂頂大名，各有特色。而當中，我最喜歡的是「全美行」便當，它就位於池上車站旁，只要火車進站時間一到，全美行的員工們便會提著便當在月台兜售，這種鐵路便當的感覺真的很讓人懷念。

全美行的便當包裝也很懷舊，沒有華麗的外表，只有用復古的紙包裹著木片便當盒，是一種質樸的可愛。全美行的原址是一個70年的便當老店，在一場大火中燒掉了原本的建物，但這間便當店的執著卻沒有因此消逝；十幾年前，由現在的經營人接手後便當店的營運逐漸步上了軌道，菜色也逐漸定案為現今的版本。

在全美行，購買便當的流程也很懷舊：先在櫃臺付錢，然後拿著一張便當券到後面提領便當，順道裝碗免費的配湯。這裡賣的便當只有一種，菜色是固定的，因為目前的菜色是

尚好呷ㄟ底家!!

經過仔細設計和考慮的，他們希望便
當即使冷了還是一樣好吃，所以每一
種菜色都能夠放冷再吃；便當裡的每
一道菜色都是精心製作，味道極下
飯，我尤其愛它的柴魚，每一口都
吃得到濃而精緻的魚香。店內另有
販賣便當中的柴魚，順道帶一包回
家，拌麵或拌飯都非常好吃，送
禮自用兩相宜。

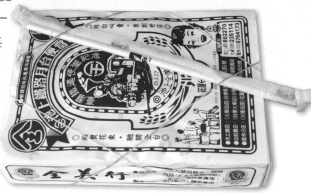

 台東縣池上鄉中正路1號

 (089) 862-270

 07：00～21：00

213

台東縣
池上鄉

飯包文化的食玩好去處
悟饕池上飯包博物館

來到池上米鄉，悟饕本店是很值得去看看的好所在，畢竟「悟饕」是全台最大的飯包連鎖企業，據點可以說是無處不在，那麼來到本店，又會有什麼不一樣的驚喜呢。

悟饕池上飯包博物館除了有好吃的便當外，裝潢也很別緻可愛，旅人可以在這裡了解到飯包文化從古至今的演進；這裡還收購了一輛台鐵的舊車廂並改裝成用餐的餐區，讓遊客可

以在這裡體驗「火車上吃便當」的新奇感受，更是可以大肆拍照留念的好景點。此外，悟饕本店的紀念品區也很有賣點，除了有販售特別的米冰淇淋和懷舊童玩零食外，也有各種特別的池上米禮盒，因此，如果到台東卻不曉得該挑什麼伴手禮回家，走一趟悟饕池上飯包博物館，應該就可以找到最理想的禮物了。

這裡的飯包當然也很好吃，雖

尚好呷ㄟ底家!!

台東縣池上鄉福原村忠孝路259號

(089) 862-326

10：00～21：00

然和全美行一樣都標榜使用池上米，但和全美行的單一口味冷便當不同的是，悟饕這裡販賣多種口味的熱便當，有大家熟悉的雞腿便當、排骨便當，也有很多獨特的創新口味以及悟饕本店的限定口味。

這裡可說是集景點和美食於一身，如果有到池上旅行，記得一定要到這裡走走看看；不過千萬小心，這裡也是相機容量的超級殺手喔。

送禮送面子的人氣伴手禮
陳記麻糬

送什麼伴手禮才能送得有面子又有裡子呢？只要拿出「陳記麻糬」，包準你絕對不會出錯，因為這是內行人才會買的人氣伴手禮。

多數人都知道花蓮有好吃的麻糬店，但其實台東也有屬於台東的麻糬名店。陳記麻糬的源起很感人，25年前，居住在杉原的陳老太太，因為先生漁船走私被補，為了擔起一家的經濟，陳老太太開始手工製作好吃的麻糬，並每天從杉原搭公車到台東市區沿街叫賣，為了生計和一家老小，她風雨無阻的賣麻糬；而因為陳老太太的麻糬很好吃，老主顧都會追問她是從哪裡來的？久了，杉原（陳記）麻糬的名氣也就漸漸傳開。時至今日，陳記麻糬還是相當念舊，除了在台東市區有店面外，也在杉原開了一間店。

陳記麻糬雖然是間念舊的老店，但也秉持著「遵循古法製作，口味不斷創新」的理念，開發出很多新口味，例如旗魚麻糬、花生綠茶麻糬、招牌黑麻糬、黑土豆麻糬、綠茶麻糬

尚好呷ㄟ底家!!

等,每種口味都很好吃,吃得出裡頭下過不少功夫;陳記麻糬用的是在地有機糯米,遵循古法,到現在都還是用老灶煮糯米的方式製作麻糬,據說一籠糯米就要用老灶文火燒上2個小時,做麻糬做得這麼龜毛,也難怪老主顧非陳記麻糬不買。

由於種類較多,第一次來的朋友可以買綜合的口味,每一種都吃吃看,找出自己最喜歡吃的是哪種口味。至於我個人最推薦的,當然是別處買不到的旗魚麻糬;而招牌黑麻糬是用有機黑糯米製成的皮,也很不錯;另外,這裡的花生餡炒得特別香,喜歡吃花生的朋友一定要嚐嚐看喔!

🏠 台東縣台東市博愛路186號

📞 (089) 353-286

🕐 06：30～18：30

ℯ http://www.machi.net.tw

最佳
伴手禮

台東縣
台東市

吃美食，零負擔
海草輕食館

海草輕食館是近來台東很熱門的餐飲店。光聽名字，就知道店主人很重視健康和養生，菜單上沒有特別著重於哪一種類型的小吃，種類很多，包括蒸餃、湯包、牛肉麵、涼麵、各式飯類和小菜，因為這間店主打的並不是單一的特色食物，而是以「輕鬆、天然、沒有負擔」為主要的賣點。

很多人可能聽到這三個主打就開始幻想它的味道可能是清淡無味，跟美味一點也沾不上邊？錯了！這間店之所以厲害，就是因為它能利用當地、當令的食材，設計出很多好吃又特別、在別處吃不到的創意料理。每一道精心製作的料理，全都使用新鮮且優質的食材烹調，吃起來非但不會覺得太過清淡，還可說是會回味再三的美食佳餚。

來到這裡，第一推薦的是海草

尚好呷ㄟ底家!!

台東縣台東市中山路205號

(089) 330-999

https://www.facebook.
com/seaweed.taitung

湯包，湯包的豬肉是新鮮豬肉泥，一咬開彈牙的外皮，鮮甜的湯汁就會瞬間充滿口中，沒有多餘的調味，只有食材最新鮮最原始的天然滋味；另外，麵點也都很不錯，像是蕎麥涼麵、麻醬麵、乾拌麵等，味道棒、份量大，即便是重口味的男生也可以吃得很滿足。

這裡還有很多「限定商品」，例如選用新鮮黃牛脖子下嫩肉做成的總裁牛肉麵，由於每頭牛只有一份，每日限定二碗；另外還有季節限定的草莓甜點、每日限定的主題餐，有機會遇到的話絕對要嘗鮮看看喔。

這裡的食物都高貴不貴，物美價廉到讓人覺得老闆真的是佛心來的。不過，由於優質好店人人愛，如果你是用餐時段來到這兒，可能多少要等上一下子，不妨就順道去對面的寶町日式宿舍走走，這裡可是台東市裡非常有特色的私房景點喔。

有夠讚
蕭家有夠讚肉圓

台東有間肉圓自稱「有夠讚」！光看名字，就知道它對自己賣的肉圓信心滿滿，而相信很多台東人也都不會反對它的這份自信，因為每天下午兩點半，店門還沒全開，外頭就有很多人已經等在門口準備要吃肉圓了。蕭家有夠讚肉圓的人氣強強滾，雖然下午兩點多才開賣，但平時還賣不到五點半就已經售完收攤。

據說，他們家每天準備的量約莫三百顆到五百顆，假設每個客人都點上兩顆，那麼短短三個小時不到就有兩百五十位客人光顧——「想吃要趁早」，這句話可不是開玩笑。

蕭家肉圓的皮，和北部、中部那種混太白粉的半透明皮不同，蕭家的肉圓是使用手工地瓜粉製作肉圓皮，所以肉圓還沒炸的時候是白色的，炸出來的肉圓皮則有些焦脆感，很容易可以咬得斷；內餡是使用新鮮的瘦豬肉塊，用祕方醃得入味的豬肉塊，乍看之下很像紅醩肉，搭配上細細脆脆的筍絲，淋上特調的粉紅色醬汁、辣醬和蒜泥，吃起來真的很夠味。由於

尚好呷ㄟ底家!!

老闆瀝油瀝得很乾，不會有一般油炸肉圓底下沉了一層油的問題，只會好吃到讓人覺得一顆不過癮，非要吃上兩顆才肯罷休。

對了，提醒一聲，由於蕭家肉圓每份都會加辣醬和蒜泥，如果口味沒那麼重或是不敢吃辣、不敢吃大蒜的朋友，記得要先提醒老闆不要放喔。

🏠 台東縣台東市中華路、四維路交叉口
（天后宮附近）

📞 0928-390159

🕐 14：30～售完為止

台東縣
台東市

超級大的人氣小吃

七里香超大水煎包

水煎包是台灣很常見的點心,幾乎每個地區都有,是只有在地人才會知道的巷子內美食。這間七里香水煎包,正是台東在地人最喜歡的一間!

七里香水煎包‧滷味,是只要吃過就一定會愛上它的頂級滋味,雖然是台東在地美食,但近年來也有不少觀光客會特意造訪,連馬英九、周美青都曾吃過這家平民小吃。

七里香的老闆曾經開過麵店、早餐店、海產店,生意都只能算是普通,直到20年前改賣水煎包和滷味後,生意才開始大好。很多人都說,台東的美食不算太多,但我覺得,只要能有幾味像七里香這樣使人牽腸掛肚的美味就已經足夠了。

第一次聽到七里香水煎包的價格,真的會讓人嚇一跳,一顆水煎包要價18元?比台北都還要貴上許

尚好呷ㄟ底家!!

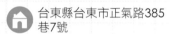

台東縣台東市正氣路385巷7號

(089) 334-685

15：30～01：00

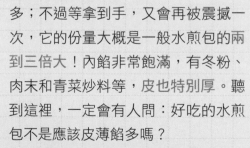

多；不過等拿到手，又會再被震撼一次，它的份量大概是一般水煎包的兩到三倍大！內餡非常飽滿，有冬粉、肉末和青菜炒料等，皮也特別厚。聽到這裡，一定會有人問：好吃的水煎包不是應該皮薄餡多嗎？

好吧，一般水煎包或許是如此，但七里香的水煎包就是跟別人不一樣嘛！由於老闆很自豪於他特調醬料，所以厚厚的皮拿來沾醬吃，剛剛好；七里香的醬料是店家使用辣椒、蔥蒜和多種中藥特調出來的，口味獨特，難怪老闆對它這麼有自信。不過老闆也特別提醒：「先吃原味，再沾醬，這樣就可以吃出兩種味道。」

下次如果到台東，下午茶小點就在這邊等著你囉，來吃吃看七里香吧，超大水煎包包你超級滿足。

223

台灣好食在 尚好呷ㄟ 101 味

作　　者：陳頌欣
攝　　影：陳頌欣

發 行 人：林敬彬
主　　編：楊安瑜
責任編輯：陳亮均
編　　輯：黃谷光
內頁編排：張慧敏（艾草創意設計有限公司）
封面設計：張慧敏（艾草創意設計有限公司）
出　　版：大都會文化事業有限公司
發　　行：大都會文化事業有限公司
　　　　　11051 台北市信義區基隆路一段 432 號 4 樓之 9
　　　　　讀者服務專線：（02）27235216
　　　　　讀者服務傳真：（02）27235220
　　　　　電子郵件信箱：metro@ms21.hinet.net
　　　　　網　　　　址：www.metrobook.com.tw
郵政劃撥：14050529 大都會文化事業有限公司
出版日期：2013 年 8 月初版一刷
定　　價：350 元
Ｉ Ｓ Ｂ Ｎ：978-986-6152-85-6
書　　號：Master20

First published in Taiwan in 2013 by Metropolitan Culture Enterprise Co., Ltd.
Copyright © 2013 by Metropolitan Culture Enterprise Co., Ltd.

4F-9, Double Hero Bldg., 432, Keelung Rd., Sec. 1, Taipei 11051, Taiwan
Tel:+886-2-2723-5216　Fax:+886-2-2723-5220
Web-site:www.metrobook.com.tw
E-mail:metro@ms21.hinet.net

All Photography(except 11, 97, 127, 159, 183): 陳頌欣
Photography(11, 97, 127, 159, 183): 陳祈昌

國家圖書館出版品預行編目（CIP）資料

台灣好食在 / 陳頌欣 著 .
-- 初版 . -- 台北市：大都會文化，2013.08
224 面；23×17 公分 . -- (Master20)
ISBN 978-986-6152-85-6（平裝）
1. 餐飲業 2. 小吃 3. 台灣遊記

483.8　　　　　　　　　　　　102013703